HUNDE

Adriano Bacchella

HUNDE

Die Originalausgabe ist 2009 unter dem Titel »Cani/Dogs« bei Edizioni Gribaudo slr, Savigliano erschienen.

Texte: Paola Morelli
Fotos: Adriano Bacchella
Einbandgestaltung: Luis dos Santos
Die Übertragung ins Deutsche besorgte Susan Pinotin

ISBN 978-3-275-01758-4

1. Auflage 2010

Postfach 103743, 70032 Stuttgart
Ein Unternehmen der Paul Pietsch-Verlage GmbH & Co.
Lizenznehmer der Bucheli Verlags AG, Baarerstr. 43 Ch-6304 Zug

Sie finden uns im Internet unter www.motorbuch-verlag.de

Lektorat: Claudia König
Printed in China

Achtung Hund!

Schon seit vielen Jahrhunderten besteht eine enge Beziehung zwischen Mensch und Hund, dem direkten Abkömmling des Wolfes. Rudyard Kipling hat dies in seinem Buch »Just so stories« eindrucksvoll beschrieben: »Der wilde Hund, vom Geruch von Essen angezogen, nähert sich vorsichtig einer Höhle, in der eine Frau eine Mahlzeit zubereitet, und bettelt um ein paar Brocken. Sie wirft ihm einen Knochen hin, den der Hund hastig hinunterschlingt. Aber er ist noch nicht satt und bettelt weiter. Nun stellt die Frau eine Bedingung: »Du wilder Kerl aus dem tiefen Wald, wenn du uns beim Jagen hilfst und unsere Höhle bewachst, dann kannst du so viel zu fressen haben wie du willst.« Der Hund, von der Stimme der Frau und der Aussicht auf Nahrung verführt, nimmt das Angebot an.« – So beschrieb der bekannte englische Schriftsteller eindrucksvoll, wie das Bündnis zwischen Mensch und Hund zu Stande kam. Es war anfangs eine reine Zweckgemeinschaft und wurde

erst im Laufe vieler Jahre zu einer engeren emotionalen Verbindung. Der Hund wird mehr und mehr als Gefährte anerkannt, sogar als Freund – und manchem ist er auch der einzige Freund. In jedem bewohnten Erdteil sind Hunde heute Bestandteil der menschlichen Gesellschaft. Sie bewachen Tierherden, sie sind bei der Polizei im Einsatz, sie suchen Vermisste und Verletzte, wittern und spüren illegale Stoffe auf, sie ziehen Schlitten, stehlen Abfälle, apportieren Jagdwild, führen Blinde, suchen Vermisste und Verletzte, sie trösten Einsame oder bringen ganz einfach einen Farbtupfer in den grauen Alltag von Millionen Menschen überall auf der Welt.

Hundewelt

Wer je – und sei es auch nur für kurze Zeit – Besitzer eines Hundes war, weiß genau, wie intensiv die Beziehung zwischen Mensch und Hund ist. Sie ist unanfechtbar, getragen von gegenseitigem, tiefem Vertrauen, von unendlicher Liebe, und oft besteht eine Art Seelenverwandtschaft, die sich durch das tagtägliche gemeinsame Leben entwickelt.

Dennoch ist es nicht leicht, über Hunde zu reden, ohne das Risiko einzugehen, sich in Oberflächlichkeiten und Plattitüden zu ergehen und bereits vielfach Gesagtes zu wiederholen. Genauso wenig leicht ist es, ein »neues« Buch über dieses heikle Thema zu schreiben.

Aus diesem Grund haben wir uns entschieden, hauptsächlich die Fotos sprechen zu lassen (mehr als fünfhundert), und Autoren von der Klassik bis zur Moderne zu zitieren, die einige ihrer Gedanken auch Hunden gewidmet haben: vom lateinischen Philosoph und Schriftsteller Seneca bis zu Schopenhauer, vom englischen Humoristen J. K. Jerome bis zu Charles Schultz, dem Vater von »Snoopy«, dem berühmtesten Beagle der Welt.

Das erste Kapitel, das von Hundemüttern und ihrem Nachwuchs handelt, wird uns

besser verstehen lassen, dass jeder einzelne Moment der kurzen Zeit, die Mutter und Junge zusammen verbringen (normalerweise gerade mal zwei Monate) genutzt wird, damit die Welpen die Welt verstehen lernen, Spiele einüben, Spielregeln beachten und Erholungsphasen einhalten.
Das zweite Kapitel befasst sich vor allem mit Welpen und Junghunden – Inbegriff von Zartheit und Liebenswürdigkeit.
Jeder Welpe besitzt bereits eine eigene charakteristische und ausgeprägte Persönlichkeit, einen eigenen Willen und, vor allem, die unbändige Neugier, zusammen mit seinen Geschwistern die Umwelt und das ganze Universum drumherum zu entdecken.
Porträts von Hunden verschiedener Rassen, vom winzigen Chihuahua bis zum riesigen Neufundländer, sind das Thema des dritten Kapitels. Egal, ob groß oder klein – jeder Hund ist ein Partner des Menschen und der Güte des Menschen mit Haut und Haaren ausgeliefert.
Das vierte Kapitel zeigt Nahaufnahmen, die uns durch den Blick des Hundes ihre Gedankenwelt ahnen lassen und zeigen, wie wir eine Verbindung zu ihm aufbauen können. Der Kontakt zwischen dem Gemüt des Herrn und dem des

Hundes erkennen beide daran, dass sie sich allein mit einem einzigen Blick, einem Augenzwinkern verständigen können, sich zuweilen sogar gern und länger in die Augen schauen.
Im fünfte Kapitel geht es um Spielen, Trainieren und Üben: Wir zeigen Hunde

in Bewegung, auf der Wiese, im Schnee oder im Wasser, beim Agility oder bei der »Arbeit«.
Und danach kommt die Zeit der Erholung; deshalb ist das sechste Kapitel

diesem Thema gewidmet: sie schlafen, ruhen sich aus, gähnen, dösen vor sich hin. Ausgewachsene Hunde und Welpen aller Rassen haben alle die gleiche Art zu schlafen: sie sind dabei völlig entspannt, liegen unverkrampft und gelassen.

Dieses Buch ist eine Art Foto-Dokumentarfilm, der alle Phasen im Leben eines Hundes festhält: die Zeit vom Welpen- bis ins Erwachsenen-Alter, ergänzt durch Zitate aus der Weltliteratur oder Sprich-

wörter bekannter und unbekannter Menschen, in denen der Hund immer als eine unerschöpfliche Quelle der Weisheit gesehen wird.

Wer zudem die charakteristischen Eigenschaften der einzelnen Hunderassen besser verstehen möchte, findet im letzten Kapitel kurze Angaben zu den Merkmalen eines jeden Hundes sowie ein Foto von jeder Rasse.

Ich wollte einen Hund

Ich bat um Stärke, um ihn perfekt zu erziehen. Ich wurde aber schwach und verwöhnte ihn mit Häppchen.

Ich wollte einen Hund der gehorcht, so dass ich stolz sein könnte. Ich bekam einen Widerspenstigen, der mich demütigte. Ich wollte Gehorsam, um überlegen zu sein. Es wurde ein Clown, der mich zum Lachen brachte.

Ich hoffte auf einen Begleiter gegen meine Einsamkeit. Ich bekam den besten Freund, der mir das Gefühl der Liebe gab. Ich bekam nichts, was ich wollte, aber alles, was ich brauchte!

Familienfotos

Nichts ist zarter, anrührender und faszinierender zu beobachten, als eine Hundemutter mit ihren Welpen.
Jedes Säugetier hat einen ausgeprägten Mutterinstinkt, egal wie klein oder groß es ist, und die innige Verbindung zwischen Mutter und Jungen besteht von Beginn der Trächtigkeit an.
Dieses Band wird erst unterbrochen, wenn die jungen Hunde erwachsen werden. Während ihrer ersten Lebensjahre werden sie allerdings dadurch geprägt zu lernen, zwischen überlebenswichtig und vernachlässigbar zu unterscheiden.
Was wir vordergründig als »Spiel« betrachten, ist in Wirklichkeit das ständige Training im Umgang mit Gefahren, die Nahrungssuche und die Bedrohung von Feinden zu erkennen.
Aber im Laufe der Zeit wurden all diese Instinkte für den Hund geradezu überflüssig, da sie jetzt vom Menschen sorgfältig ernährt und umsorgt werden. Dennoch ist ihr Instinkt ausgeprägter als irgendeine andere feste Gewohnheit.
Deshalb ist das eingehende Beobachten einer Hundemutter, die ihre Welpen großzieht, der beste Weg, das grundlegende Verhalten von Hunden zu entdecken; zudem weckt die Art, wie sie diese liebevoll füttert, sich um sie kümmert und sie erzieht, in uns ganz tiefe Emotionen.

Der Hund

Da oben wird das Bild von
einer Welt
aus Blicken immerfort
erneut und gilt.
Nur manchmal, heimlich,
kommt ein Ding und stellt
sich neben ihn, wenn er
durch dieses Bild

sich drängt, ganz unten,
anders, wie er ist;
nicht ausgestoßen und
nicht eingereiht,
und wie im Zweifel seine
Wirklichkeit
weggebend an das Bild,
das er vergisst,

um dennoch immer wieder
sein Gesicht
hineinzuhalten, fast mit
einem Flehen,
beinah begreifend, nah am
Einverstehen
und doch verzichtend:
denn er wäre nicht.

Rainer Maria Rilke

Der durchschnittliche Hund
ist liebenswürdiger
als der durchschnittliche Mensch.

Andrew A. Rooney

Wer mich liebt,
liebt auch
meinen Hund.

Lateinisches Sprichwort

Es gibt keinen
Psychiater
auf der Welt,
der mehr bewirkt
als ein junger Hund,
der uns das Gesicht
ableckt.

Andrew A. Rooney

Am Anfang
schuf Gott
den Menschen,
und als er sah,
wie schwach er war,
gab er ihm den
Hund.

Alphonse Toussenel

Ich habe große
Achtung vor der
Menschenkenntnis
meines Hundes,
er ist schneller
und gründlicher
als ich.

Fürst Bismarck

Hunde sind nicht
unser ganzes Leben,
aber sie machen unsere Leben ganz.

Roger Caras

Ein Hund ist nicht »beinahe« ein Mensch,
und ich kenne keine größere Beleidigung
für einen Hund, denn als ein solcher
beschrieben zu werden.

John Holmes

Die Treue eines Hundes ist ein kostbares Geschenk
das nicht minder bindende moralische Verpflichtungen auferlegt
als die Freundschaft eines Menschen.

Konrad Lorenz

»Haben Tiere eine Seele und Gefühle«
kann nur fragen, wer über keines der beiden verfügt.

Eugen Drewermann

Wir schenken
unseren Hunden
ein klein wenig
Liebe und Zeit.
Dafür schenken sie
uns restlos alles, was
sie zu bieten haben.
Es ist zweifellos
das beste Geschäft,
das der Mensch
je gemacht hat.

Roger A. Caras

Die kalte Schnauze
eines Hundes ist
erfreulich warm
gegen die
Kaltschnäuzigkeit
mancher Mitmenschen.

Ernst R. Hauschka

Wer auch immer gesagt hat, Glück könne man nicht kaufen, hat die kleinen Welpen vergessen.

Gene Hill

Freude an einem Hund werden Sie erst dann haben, wenn Sie nicht versuchen, aus ihm einen halben Menschen zu machen. Versuchen Sie doch erst einmal selbst, ein halber Hund zu werden.

Edward Hoagland

Es ist übrigens nicht wahr,
dass Herrchen oder Frauchen im Laufe der Zeit
den Gesichtsausdruck ihres Hundes annehmen,
nein,
manche Hunde sind wirklich hübsch!

Unbekannter Verfasser

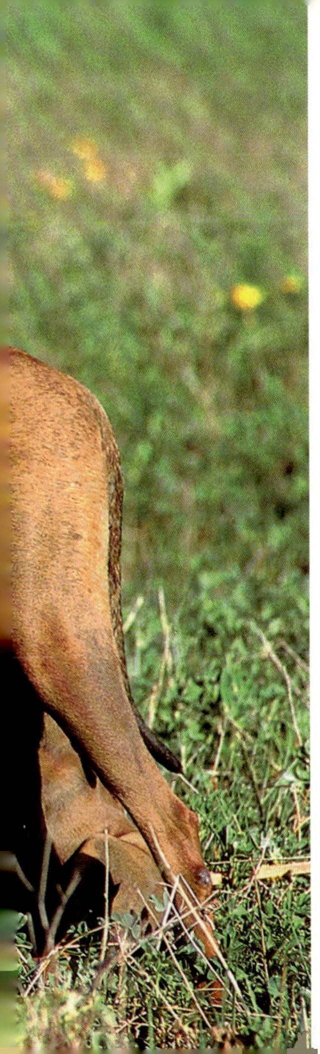

In den Himmel kommt man durch Gnade.
Ginge es nach Verdiensten,
blieben wir draußen
und die Hunde wären drinnen.

Mark Twain

Wer nie einen Hund besessen hat,
weiß nicht, was wahre Liebe bedeutet.

Arthur Schopenhauer

Er ist dein Freund,
dein Partner,
dein Verteidiger:
er ist dein Hund.

Unbekannter Verfasser

Ein einziger Mensch
wird von hundert Hunden begrüßt,
wenn er in den Himmel kommt.

Unbekannter Verfasser

Wie groß dein Haus
auch sein mag,
ein Welpe
wird immer ganz nah
bei dir sein.

Pamela Dugdale

Ein Hund ist dem
Mensch ergeben,
treu und zugetan
bis zum letzten
Schlag seines
Herzens.

Unbekannter Verfasser

Hunde lieben ihre Freunde
und hassen ihre Feinde,
im Gegensatz zu den Menschen,
die zur reinen Liebe unfähig sind
und in jeder Beziehung
Liebe und Hass vermischen.

Sigmund Freud

Der Hund ist das einzige Säugetier,
das wirklich fähig ist,
mit uns und nicht neben uns zu leben.

Irenäus Eibl-Eibesfeldt

Du, mein Hund,
bist der einzige wahre Freund.
Womit habe ich Deine Hingabe verdient?

F. Siano

Mit einem kurzen Schweifwedeln
kann ein Hund mehr Gefühle ausdrücken
als mancher Mensch mit stundenlangem Gerede.

Louis Armstrong

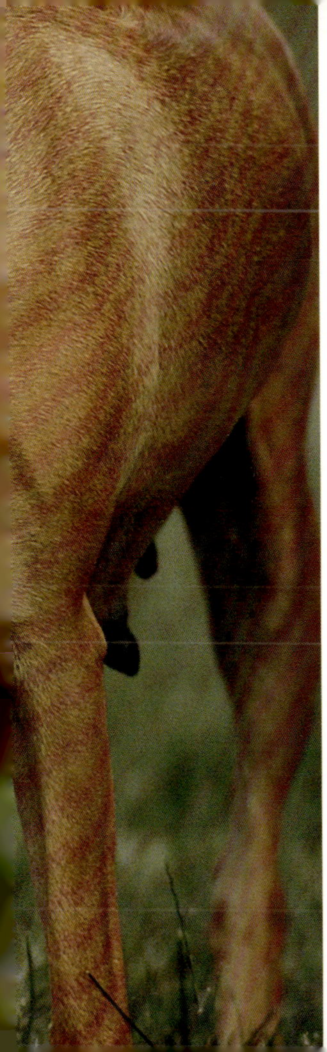

Der Hund bleibt bei seinem Herrn
in Wohlstand und Armut,
in Gesundheit und Krankheit.

George Graham Vest

An einem schönen Nachmittag mit einem Hund auf einem Hügel zu sitzen, bedeutet wieder im Paradies zu sein, wo Nichtstun nicht Langeweile war, sondern Frieden.

Milan Kundera

Ich habe einen Blick aus Hundeaugen gesehen, einen sich rasch verlierenden Ausdruck erstaunter Geringschätzung, und ich bin überzeugt, dass Hunde im Grunde denken, Menschen seien verrückt.

John Steinbeck

Zarte Seiten

Flaumige Fellknäuel, noch ein kleines bisschen wackelig auf den Beinen, der Körper ein wenig unproportioniert, die überall herumspringen, getrieben von der unendlichen Neugier, die Welt zu entdecken: Dieses Bild weckt in jedem von uns emotionale Gefühle.
Versteckt unter Blattwerk, entspannt auf dem Sofa liegend, freudvoll durchs Gras springend oder mit ihren Geschwistern raufend: Junge Hunde sind eine endlose Quelle der Freude für jeden, der sie beobachtet.
Die Wärme eines Welpen zu spüren, regt in jedem echte Glücksgefühle. Das wissen wir von Snoopy. Wer einmal eines dieser weichen, zarten Fellknäuel auf dem Arm gehalten und gestreichelt hat, weiß genau, was die kleine Comic-Figur von Charles M. Schultz bei unzähligen Menschen hervorgerufen hat. Auf den folgenden Seiten sind Fotos von jungen Hunden aller Rassen zu sehen, große und kleine, in den verschiedensten Situationen: beim ausgelassenen Spiel, in ganz entspannter Lage oder im Schlaf. Sie werden beim Betrachten der Bilder die Wärme, die von Snoopy ausgeht, mit Sicherheit spüren.

Die Wesen mögen alle glücklich leben, und keinen möge ein Übel treffen. Möge unser ganzes Leben Hilfe sein an anderen! Ein jedes Wesen scheuet Qual, und jedem ist sein Leben lieb. Erkenne dich selbst in jedem Sein und quäle nicht und töte nicht.

Gautama Buddha

Seelenverwandte

Wir sind zu zweit im Raum,
mein Hund und ich ...
Ich begreife, dass in diesem
Moment in ihm und in mir
genau das gleiche Gefühl
herrscht,
dass es zwischen uns
keinen Unterschied gibt.

Wir sind identisch:
in beiden leuchtet das
gleiche bange
Flämmchen ...
Nein, das sind nicht ein
Hund und ein Mensch,
die miteinander Blicke
tauschen ...

Es sind zwei Paar identische
Augen,
die fest auf den anderen
gerichtet sind.
Und in diesen Augen, sowohl
im Tier als auch im
Menschen,
liegt ein und dasselbe Leben,
das sich scheu an das andere
schmiegt.

Ivan Turgenew

Der Hund
wurde vor allem
für Kinder geschaffen.
Er ist der Inbegriff
von Ausgelassenheit.

Henry Ward Beecher

Was uns so fest mit Hunden verbindet,
ist nicht ihre Treue, ihr Charme oder
was es sonst noch so sein mag,
sondern die Tatsache,
dass sie nichts an uns auszusetzen haben.

Unbekannter Verfasser

Ein Zentimeter Hund
ist mir lieber
als ein Kilometer
Stammbaum.

Dana Burnett

Dornen können Dich
vielleicht verletzen,
Menschen verlassen,
Sonnenschein
verschwinden,
aber Du bist nie ohne
Freund, wenn Du
einen Hund hast.

Douglas Mallock

Der Mensch stellt das
dar, was ein Hund
sich unter Gott
vorstellt

Holbrook Jackson

Wir sind allein,
völlig allein auf diesem Planeten.
Von all den Lebensformen um uns herum
hat sich außer dem Hund keine auf ein
Bündnis mit uns eingelassen.

Maurice Maeterlink

Ein guter Hund
verdient einen
guten Knochen.

Sprichwort

Das Leben von Hunden ist zu kurz.
Das ist wirklich ihr einziger Fehler.

Agnes Sligh Turnbull

Alles Wissen, die Gesamtheit aller Fragen
und alle Antworten sind in den Hunden enthalten.

Franz Kafka

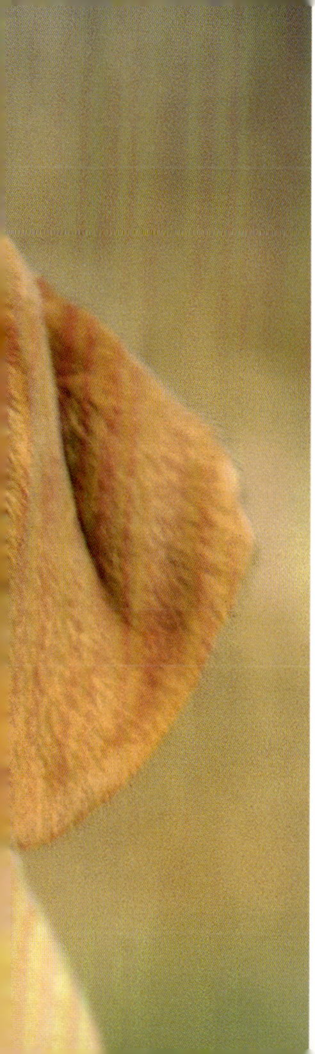

Es ist schwer,
einen so treuen Gefährten
wie einen Hund zu finden;
hat ein Armer ihn aufgezogen,
so wird er nie einem Reichen folgen.

Aus der Mongolei

Der Erwerb eines
Hundes ist die einzige
Gelegenheit,
die ein Mensch hat,
um sich einen
Verwandten
auszusuchen.

Mordecai Siegal

Bist du der Freund meines Hundes,
bist du auch meiner.

Indianische Weisheit

Der einzige absolute, selbstlose Freund, den der Mensch in dieser egoistischen Welt haben kann, einen, der ihn nie verlässt, nie undankbar ist oder ihn verrät, ist sein Hund.

George Graham Vest

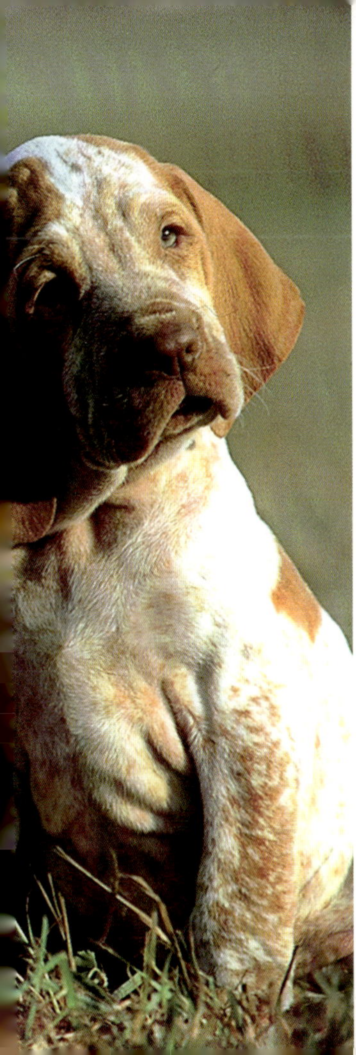

Wenn du einen verhungernden Hund
aufliest und machst ihn satt,
dann wird er dich nicht beißen.
Das ist der Unterschied
zwischen Hund und Mensch.

Mark Twain

Hunde verstehen unsere Stimmungen
und unsere Gedanken,
und wenn wir schlecht über sie denken,
werden sie es merken
und niedergeschlagen sein.

Barbara Woodhouse

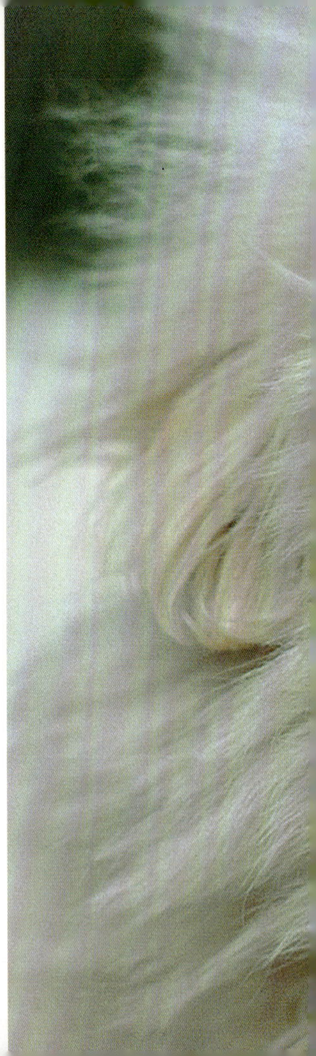

Der Hund verkörpert
alles, was gut ist
am Menschen.

Etienne Charlet

Wenn ein Hund
dabei ist,
werden die Menschen
gleich menschlicher.

Hubert Ries

Hunde haben alle
guten Eigenschaften
des Menschen,
ohne gleichzeitig
ihre Fehler zu
besitzen.

Friedrich der Große

Wenn Sie einen Hund bei sich haben,
wird die Melancholie leichter und erträglicher.

Altes provenzalisches Sprichwort

Es gibt in der Geschichte mehr Beispiele
für die Treue von Hunden als für die von Freunden.

Alexander Pope

Das gute Verhältnis zwischen Mensch und Hund beruht nicht zuletzt darauf, dass Hunde keine Menschenkenntnis besitzen.

Unbekannter Verfasser

Der Hund ist der sechste Sinn des Menschen.

Christian Friedrich Hebbel

Zur richtigen Selbsteinschätzung
sollte jeder einen Hund haben,
der ihn anbetet,
und eine Katze,
die ihn ignoriert.

Dereke Bruce

Ein Hund lebt mit
unseren Blicken,
unseren Wünschen.
Er lebt für Deine
Blicke, Deine
Wünsche.
Er teilt sogar
Deinen Humor.

Enid Bagnold

Mein kleiner Hund
– ein Herzschlag
zu meinen Füßen.

Edith Wharton

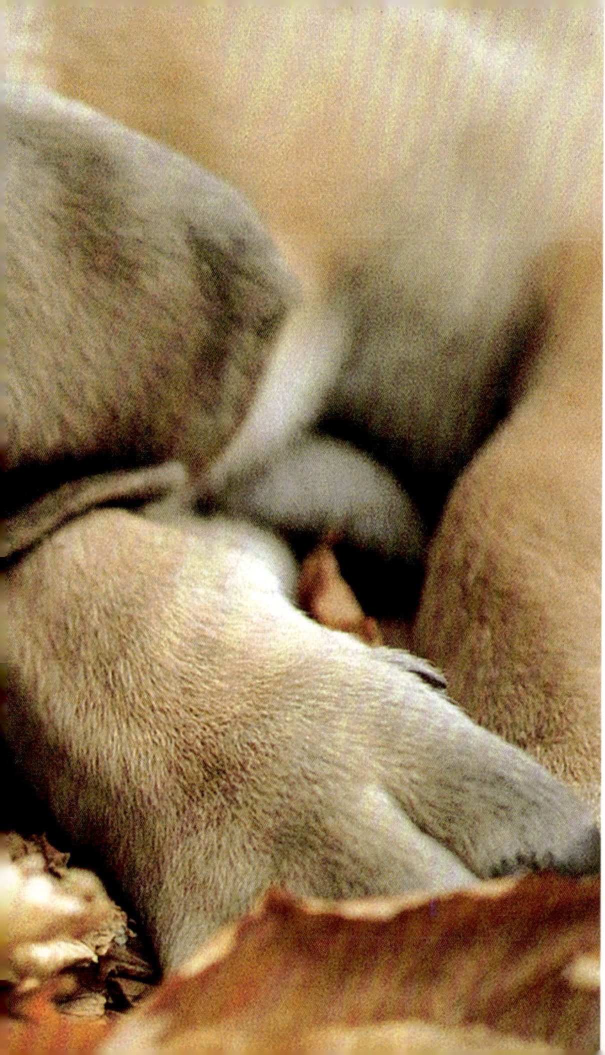

So viele werden
durch Religion
gebessert.
Ich wurde durch
Hunde gebessert.

Lina Basquette

Porträts

Wie wir Menschen haben auch Hunde ganz spezielle Eigenschaften. Und jeder Hund hat seinen individuellen Charakter.

Zukünftige Hundebesitzer haben die Auswahl aus mehr als 330 Rassen, die sich in Größe, Aussehen, Charakter und Temperament voneinander unterscheiden: vom winzigen Chihuahua bis zum riesigen Bernhardiner; vom verspielten Foxterrier bis zum eleganten Dalmatiner. Wahrscheinlich hat jeder eine genaue Vorstellung von seinem Traumhund, der aber oft nicht unbedingt zu den eigenen Lebensumständen passt.

Rasseunterschiede beziehen sich nicht nur auf das Aussehen eines Hundes, sondern auch auf dessen Verhalten. Ohne Zweifel gibt es zwar das typische rasseübergreifende Hundeverhalten, dennoch sind spezifische Rassemerkmale ausgeprägt, wie beispielsweise der Jagd- oder Hütetrieb. Um Hunde bedarfsgerecht halten zu können, sollte man deshalb unbedingt die Charaktere der verschiedenen Rassen kennen.

Welcher Rasse auch immer ein Hund angehört, geformt wird sein Charakter maßgeblich durch die Beeinflussung durch den Menschen.

Ein Hund ist keine Sache, wie es das Gesetz formuliert, er ist aber auch kein Spielzeug – erst recht ist er kein Mensch.

Ein Afghanischer Windhund mit seiner langen seidigen Haarpracht vor leuchtend blauem Hintergrund, ein charmanter Yorkshire Terrier mit buntem Schleifchen im Haar, ein riesiger, schwerfälliger Neufundländer oder aber eine hübsche Promenadenmischung – jeder Hund verdient Aufmerksamkeit, egal, ob er für ein Foto in Pose sitzt oder in natürlicher Bewegung aufs Bild gebannt wird.

Beinahe jede Situation, in der ein Hund im Spiel ist, lohnt sich, fotografiert zu

werden, wie dies auf den nachfolgenden Seiten anschaulich unter Beweis gestellt wird.
Sie werden Fotos der verschiedensten Hunderassen sehen, oft im Freien aufgenommen, unter dem Gipfel eines Berges in einer von Menschen verlassenen Gegend, an einem Flussufer, tief im Schnee oder auf rotem Untergrund, der der Fellfarbe gleicht.
Zudem sehen Sie Bilder von Hunden im häuslichen Umfeld: Labradore, King Charles Spaniels und Chihuahuas, die sich vor dem warmen Feuer am Kamin wohl fühlen oder ein weiches Sofa genießen.

Diese Hundeportraits – zusammen mit Zitaten großer Dichter und Denker, die die äußerlichen Merkmale und vor allem die Tugenden der Vierbeiner unterstreichen – wollen uns immer wieder daran erinnern, wie wichtig Hunde in unserem Leben sind.

Ein Hund hat die
Seele eines
Philosophen.

Plato

Unter hundert Menschen liebe ich nur einen,
unter hundert Hunden neunundneunzig.

Marie von Ebner-Eschenbach

Wir müssen uns
sein Vertrauen und
seine Freundschaft
nicht verdienen:
Er ist auf der Welt,
um unser Freund
zu sein.

Maurice Maeterlinck

Mit Geld kann man zwar einen guten
Hund kaufen,
aber nicht sein Schwanzwedeln.

Josh Billings

Der Hund braucht sein Hundeleben. Er will zwar keine Flöhe haben, aber dennoch die Möglichkeit, sie zu bekommen.

Robert Lembke

Kein einziges Tier der
ganzen Erde ist der
vollsten und
ungeteiltesten
Achtung,
der Freundschaft
und Liebe
des Menschen
würdiger als der
Hund.

Alfred Brehm

Im Leben der treueste Freund,
der Erste mich zu begrüßen,
der Vorderste mich zu verteidigen

Lord Byron

Welch geistige Armut muss unter den
Menschen herrschen,
dass sie von Tieren verlangen,
was sie selbst nicht vermögen.

Karin Szech

Ich frage mich,
ob andere Hunde denken,
dass Pudel Anhänger eines seltsam religiösen Kults sind.

Rita Rudner

Der Wunsch, einen Hund zu halten,
entspringt einem uralten Grundmotiv –
nämlich der Sehnsucht des Kulturmenschen
nach dem verlorenen Paradies.

Konrad Lorenz

Der eigene Hund macht keinen Lärm,
er bellt nur.

Kurt Tucholsky

Selbst der größte Hund war mal ein Welpe.

Joaquin Miller

Ein Hund lacht mit
seiner Rute.

Victor Hugo

Ich fürchte,
die Tiere betrachten den Menschen
als ein Wesen ihresgleichen,
das in höchst gefährlicher Weise
den gesunden Tierverstand verloren hat.

Friedrich Nietzsche

Denken Sie,
Hunde kommen nicht in den Himmel?
Ich sage Ihnen,
sie werden dort lange vor uns sein.

Robert Louis Stevenson

Wenn die Gebete
eines Hundes erhört
werden würden,
würde es Knochen
vom Himmel regnen.

Sprichwort

Hunde sind besser
als Menschen:
sie wissen alles,
reden aber nicht
darüber.

Emily Dickinson

Ein Hund ist wie
ein ewiger
Peter Pan,
ein Kind, das nie
erwachsen wird,
und deshalb
immer liebt und
geliebt wird.

Aaron Katcher

Wenn Gott einen Hund misst,
zieht er ein Maßband um das Herz
statt um den Kopf.

unbekannter Verfasser

3
1

Hunde kommen,
wenn sie gerufen werden.
Katzen nehmen die Mitteilung
zur Kenntnis und kommen
gelegentlich darauf zurück.

Mary Bly

Nimm die Bewunderung, die Dir Dein Hund entgegenbringt, nicht als Beweis dafür, dass Du ein großartiger Mensch bist.

Ann Landers

Wenn Ihr Hund glaubt,
Sie seien der Größte auf der Welt,
holen Sie besser keine zweite Meinung ein.

Jim Fiebig

Nähe

Die meisten ihrer Gefühle drücken Hunde, für den Menschen augenscheinlich, mit ihrer Rute aus. Egal, ob sie ruhig und entspannt sind oder aufmerksam oder drohend: Für Hundekenner ist das nichts Neues. Sogar die Augen eines Hundes können uns ziemlich genau sagen, was in ihm vorgeht. Gerade deshalb ist es wichtig, Hunde genau zu beobachten. Sie kommunizieren mit uns durch ihre Haltung, aber vor allem versuchen sie, mit den Augen zu sprechen.
Ob durch die schmalen Augenschlitze eines Chow-Chows, die runden, großen Augen eines Alaskan Malamute, die winzigen lebhaften Äuglein eines West Highland White Terriers, die sanften Augen des Neufundländers – die Augen eines Hundes erzählen uns seine Gedanken.

Betrachten Sie auf den nachfolgenden Seiten die Fotos von Hunden aus aller Welt und Sie werden schnell erkennen, dass die Augen eines Hundes der Spiegel seiner Seele sind.

Für Boatswain

An dieser Stelle ruhen die Gebeine von einem, welcher Schönheit besaß ohne Eitelkeit, Stärke ohne Übermut,
Mut ohne Wildheit, und alle Tugenden des Menschen ohne seine Laster.
Dies Lob unpassende Schmeichelei, wäre es über menschliche Asche geschrieben.
Nur ein gerechter Tribut ist es für das Andenken von Boatswain, einem Hunde, der geboren war auf Neufundland, Mai 1803, und starb zu Newstead Abbey, 18. November 1808.

Inschrift auf dem Grabmal des Neufundländers Boatswain von Lord Byron

Wenn Du mit den Tieren sprichst, werden sie mit Dir sprechen, und Ihr werdet Euch kennenlernen. Wenn Du nicht mit ihnen sprichst, dann werdet Ihr Euch nie kennenlernen. Was Du nicht kennst, wirst Du fürchten. Was Du fürchtest, zerstörst Du.

Zitat des Häuptling Dan George
aus dem Buch »Calming Signals«

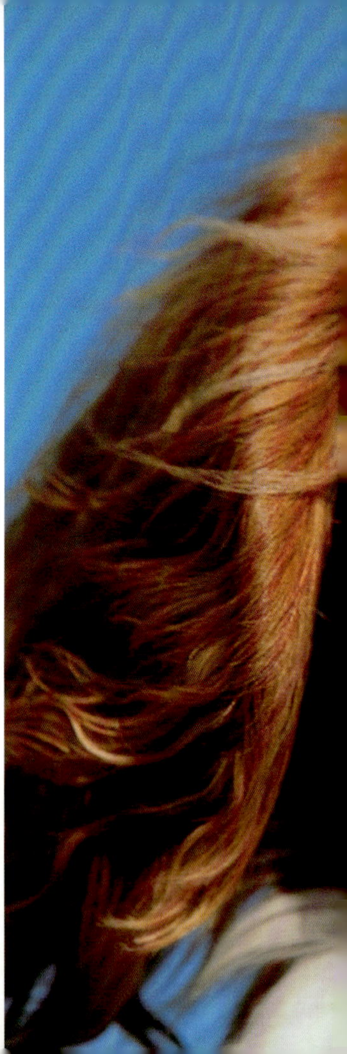

Wie gut zu wissen,
dass es Augen gibt,
die heller leuchten,
wenn wir kommen.

Lord Byron

Keine Beleidigung
würde mich so hart
treffen wie ein
misstrauischer Blick
von einem meiner
Hunde.

James Gardner

Viele Menschen glauben, dass ihnen ihr Hund gehört,
und wissen nicht, dass sie ihrem Hund gehören.

Dodie Smith

Ein bellender Hund
ist oft nützlicher
als ein
schlafender Löwe.

Washington Irving

Die größte Liebe ist
Mutterliebe, dann
die Liebe eines
Hundes
und danach die
einer Geliebten.

Polnisches Sprichwort

Wie sich der Hund seinen Herrn auswählt,
ist ein rätselhaftes Phänomen.

Konrad Lorenz

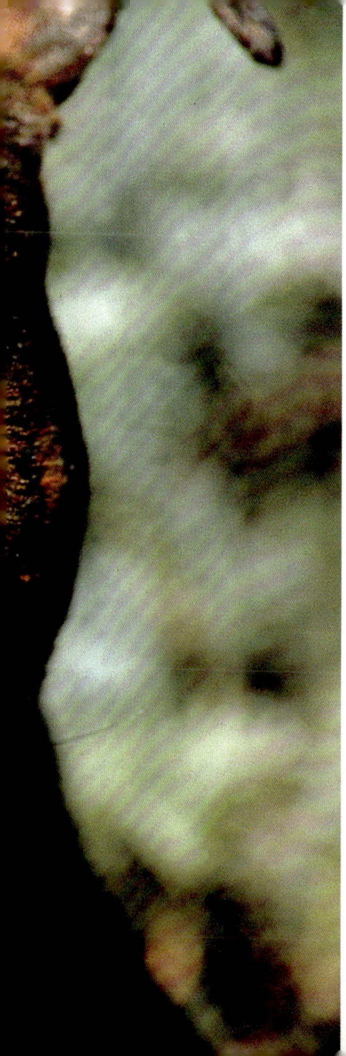

Ein Hund ist ein Herz auf vier Beinen.

Irisches Sprichwort

Man soll schlafende Hunde nicht wecken.

Sprichwort

Wie schön ist es,
das freudige Bellen
des Haushundes
zu hören,
wenn wir heimkehren.

Lord Byron

Wer sich die Liebe eines alten Hundes verdient hat, ist gesegnet.

Sydney Jeanne Seward

Nehmen Sie ein Halsband und einen Hund;
es scheint vielleicht unmöglich,
aber nach einigen Tagen
werden Sie eine Einheit sein.

aus Vietnam

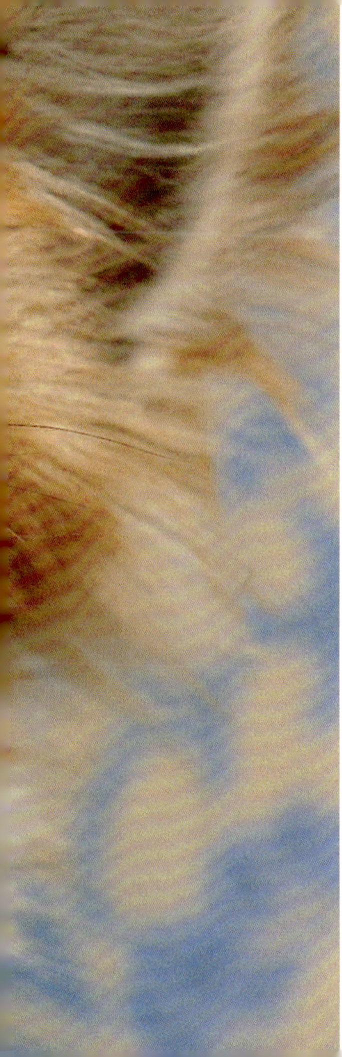

Sogar der kleinste Pudel oder Chihuahua
hat das Herz eines Wolfes

Dorothy Hinshaw Patent

Du bist zeitlebens
für das verantwortlich,
was Du Dir vertraut gemacht hast.

Antoine de Saint-Exupéry

Ich glaube, dass Hunde
die erstaunlichsten Kreaturen sind:
sie lieben bedingungslos.

Gilda Radner

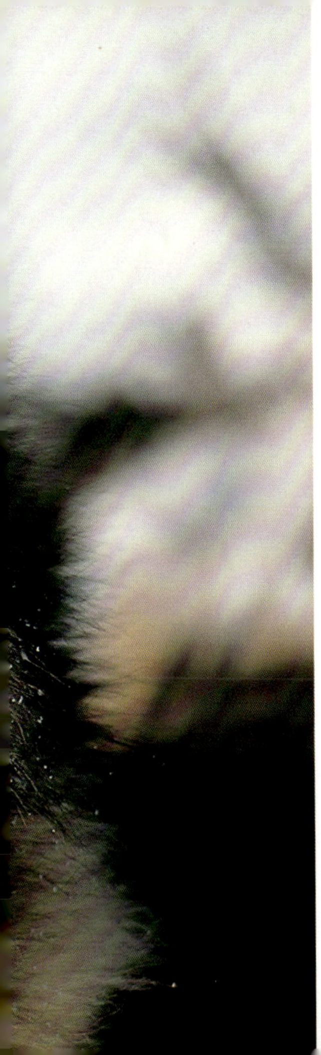

Der Hund ist die Tugend, die,
weil sie nicht Mensch werden konnte,
ein Tier wurde.

Victor Hugo

Hunde sind unsere Verbindung
zum Paradies.
Sie kennen weder Böses,
noch Eifersucht oder Missgunst.

Milan Kundera

Ein Hund verzeiht schneller
als irgendein anderes Lebewesen.

Charlotte Gray

Bewegungskünstler

Wer Hunde liebt, weiß, dass freies Laufen sehr wichtig für sie ist, dass sie damit Energie tanken. Und er kennt auch die Freude, sie dabei zu beobachten, wenn sie über eine Wiese rennen, einem Ball oder Stock nachjagen oder auch nur ausgelassen herumtoben.
In jedem einzelnen Foto des nachfolgenden Kapitels ist das Glück und die Lebensfreude unübersehbar: das zerzauste Fell eines Bobtails, ein Neufundländer, der mit viel Spaß ins Wasser springt, ein Alaskan Malamute im Schnee (seiner natürlichen Umgebung) oder West Highland Terrier-Welpen, die fröhlich über eine Wiese kugeln ... kein Zweifel, all das zeigt uns Glücksmomente im Leben eines Hundes.
Zudem werden Sie Fotos von wunderbaren Exemplaren von Rassehunden sehen. Bewundern Sie den Deutschen oder Belgischen Schäferhund, der sich ganz auf sein Training konzentriert, Slalom läuft oder springend Hürden überwindet, oder eine Gruppe Labradors, die mutig auf einer Wippe balancieren. Hunde beim Ballspiel, beim Schwimmen, beim »Gänse hüten« – jedes einzelne Bild vermittelt uns die unbändige Lebensfreude der Hunde.

Die Hunde haben mehr Spaß an den Menschen als diese an den Hunden, weil der Mensch offenkundig der Komischere der beiden Kreaturen ist.

James Grover Thurber

Eines Hundes Treue
währt ein ganzes
Leben lang, die einer
Frau bis zur ersten
Gelegenheit.

Spanisches Sprichwort

Die Größe einer Nation
und ihr moralischer Fortschritt
kann danach beurteilt werden,
wie dort Tiere behandelt werden.

Mahatma Gandhi

Für seinen Hund ist
jeder Mensch ein
Napoleon –
daher die andauernde
Popularität von
Hunden.

Aldous Huxley

Die Seele eines Menschen
kann beurteilt werden
nach der Art und Weise,
wie er seinen Hund behandelt.

Charles Doran

Wenn Sie den besten
Platz im Haus haben
wollen …
müssen Sie den
Hund verscheuchen.

Unbekannter Verfasser

Solange Menschen
denken, dass Tiere
nicht fühlen,
müssen Tiere fühlen,
dass Menschen nicht
denken.

Arthur Schopenhauer

Geben Sie einem Kind einen Hund:
es wird einen treuen und loyalen
Spielkameraden haben.

Berton Braley

Wenn Ihr Hund zu dick ist, haben Sie nicht genug Bewegung.

Unbekannter Verfasser

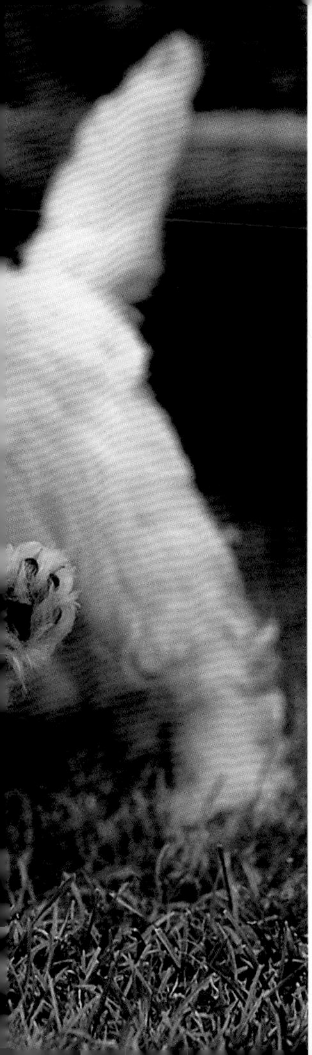

Niemand kann Liebe vollständig verstehen,
wenn er keinen Hund hat.

Gene Hill

Hunde sind
verrückt danach,
glücklich zu sein.

James Thurber

Wenn Sie keinen Hund besitzen,
noch nicht mal einen,
ist nicht zwingenderweise etwas nicht
in Ordnung mit Ihnen, aber vielleicht
etwas in Ihrem Leben.

Roger Caras

Um ein intelligentes Tier richtig zu kennen,
muss man es
so oft wie möglich frei lassen.

Konrad Lorenz

Jeder Junge hat den klügsten Hund der Welt.

Louis Sabin

Das tiefe Schweigen des Hundes tröstet uns
über das sinnlose Reden der Menschen.

Jean-Michel Chaumont

Der Hund hat die unglaubliche Fähigkeit,
unsere Gedanken und unsere Gefühle
wahrzunehmen.

Brian Vesey-Fitzgerald

Unsere Hunde,
die mit uns leben
und die wir füttern,
bleiben immer Welpen.

Unbekannter Verfasser

Das rührendste Geschöpf auf der Welt
ist ein nasser Hund.

Ambrose Bierce

Ohne den Hund käme der Mensch
auf den Hund.

Ernst Elitz

Überraschend schnell, oft in wenigen Tagen, entsteht zwischen dem Hund und seinem Herrn eine Beziehung, die enger ist als alles andere.

Konrad Lorenz

Alle Haustiere sind reine Sklaven,
nur der Hund ist ein Freund.

Konrad Lorenz

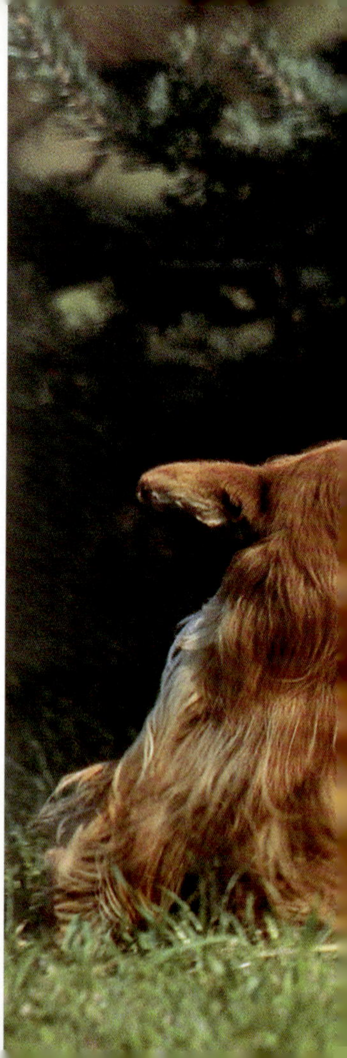

Süße Träume

Hunde – Welpen oder ausgewachsene Hunde – schlafen täglich viele Stunden, und es ist wirklich ein »Schlaf der Gerechten«: Sie machen die Augen fest zu, sind vollkommen entspannt, fast unbeweglich, die Pfoten weit ausgestreckt …
Aber ganz plötzlich fangen die Pfoten an, sich schnell zu bewegen, Nase und Ohren beginnen zu zucken und die Rute fängt langsam an zu wedeln: Unser Hund träumt fast immer, vielleicht von uns, vielleicht von der Jagd nach einem Schmetterling auf den Feldern vor dem Haus. Nichts ist entspannender, als einen schlafenden Hund zu betrachten … vorsichtig, um ihn nicht zu wecken, wie das bekannte Sprichwort sagt.
Die Fotos auf den folgenden Seiten zeigen die unterschiedlichsten Ansichten von schlafenden Hunden: ein riesiger Mastiff inmitten von Gänseblümchen, ein Alaskan Malamute, der es sich im Schnee bequem gemacht hat, und vor allem viele verschiedene Welpen, vom Labrador bis zum Mastino Napolitano, von der Bordeauxdogge bis zur Deutschen Dogge und zum Chihuahua – alle mit dem gleichen Ausdruck tiefer Ruhe beim Schlaf.

Nach manchem Gespräch mit einem Menschen hat man das Verlangen, einen Hund zu streicheln, einem Affe zuzunicken oder vor einem Elefanten den Hut zu ziehen.

Maxim Gorki

Wenn Du jedes Mal stehen bleibst, wenn ein Hund bellt, wirst Du Deine Reise nie beenden.

Sprichwort aus Arabien

Sachen, die einen Terrier aufregen,
lassen eine Deutsche Dogge
meist ziemlich kalt.

Andrew A. Rooney

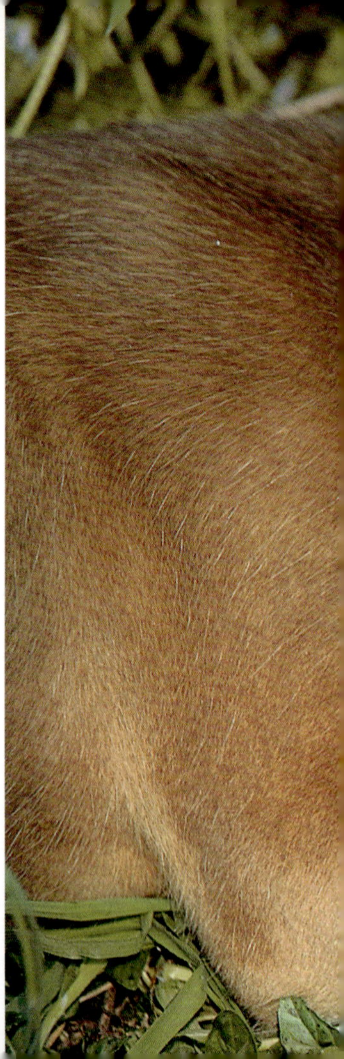

Wenn ein Hund Sie ansieht
und nicht zu Ihnen kommt,
sollten Sie nach Hause gehen
und Ihr Gewissen erforschen.

Woodrow Wilson

Ein Hund, der bellt,
ist mehr wert
als ein Mensch,
der lügt.

Henry de Montherlant

Hunde
retteten mein Leben.
Ich empfehle jedem
einen vierbeinigen
Freund, um die
Midlife-Crisis zu
meistern.

Lina Basquette

Wenn des Menschen
bester Freund
ein Hund ist,
hat dieser Hund ein
Problem.

Edward Abbey

Wenn ich irgendeine
Ansicht zur Unsterblichkeit habe, dann ist es die, dass bestimmte Hunde, die ich gekannt habe, in den Himmel kommen, aber nur sehr wenige Menschen.

James Thurber

Hunde sind weise.
Sie verziehen sich in eine ruhige Ecke,
um ihre Wunden zu lecken,
und kommen erst hervor,
wenn sie wieder gesund sind.

Agatha Christie

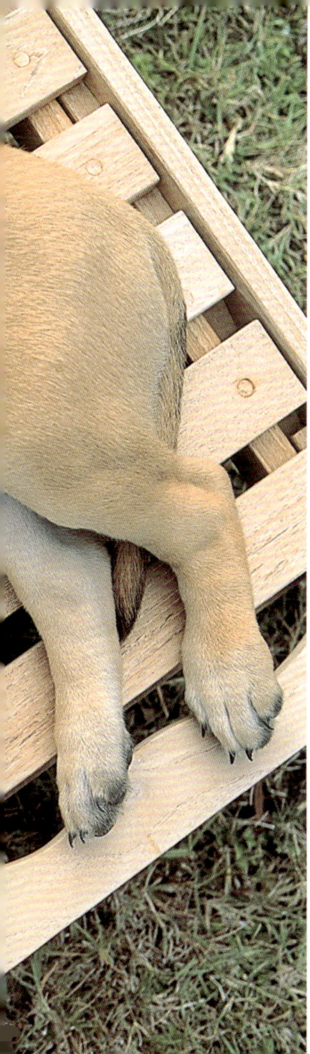

Der Hund hat selten den Menschen
auf die Höhe seiner Weisheit gebracht,
aber der Mensch hat oft einen Hund
auf sein Niveau heruntergezogen.

James Thurber

Tiere, vor allem Hunde, gehörten seit meiner
Jugend zu meinem Leben.
Irgendwo habe ich einen Satz gehört,
der mir aus dem Herzen spricht:
Natürlich kann man auch ohne Tiere leben,
aber hat das Leben dann noch einen Sinn?

Heinz Rühmann

Der feige Hund bellt heftiger als er beißt.

Curtis Rufus Quintus

Wer Hunde hasst,
hasst sich selbst.

Unbekannter Verfasser

Kinder und Hunde sind zum Wohlergehen
eines Landes ebenso wichtig
wie die Wall-Street und die Eisenbahn.

Harry S. Truman

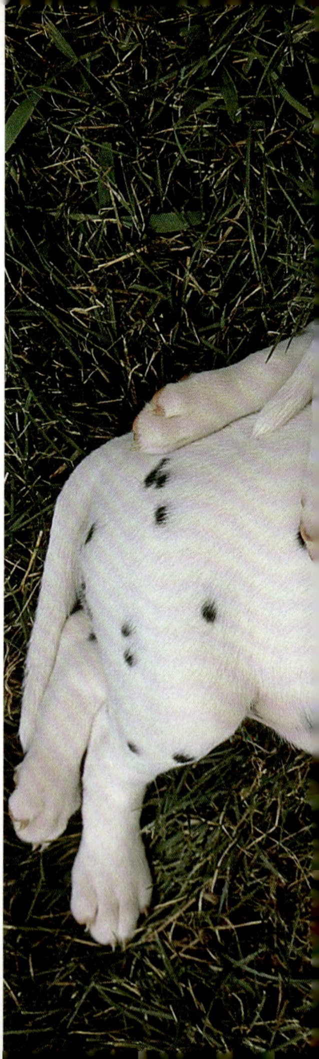

Mein Hund ist als Hund eine Katastrophe,
aber als Mensch unersetzlich.

Johannes Rau

Wenn seine Augen noch geschlossen sind, vertraut er uns schon.

Maurice Maeterlinck

Der Hund
ist ein Gentleman.
Ich hoffe,
ich komme
in seinen Himmel,
nicht in den
der Menschen.

Mark Twain

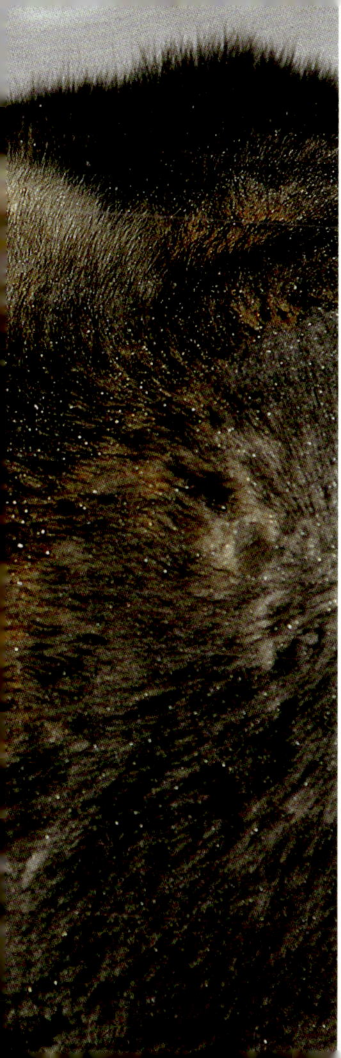

Wenige Dinge geben mir so viel tröstliche
Zuversicht,
wie es die Treue eines Hundes bewirkt.

Konrad Lorenz

Man kann in die Tiere nichts hineinprügeln,
aber man kann manches aus ihnen
herausstreicheln.

Astrid Lindgren

Woran sollte man sich von der endlosen Verstellung, Falschheit und Heimtücke der Menschen erholen, wenn die Hunde nicht wären, in deren ehrliches Gesicht man ohne Misstrauen schauen kann?

Arthur Schopenhauer

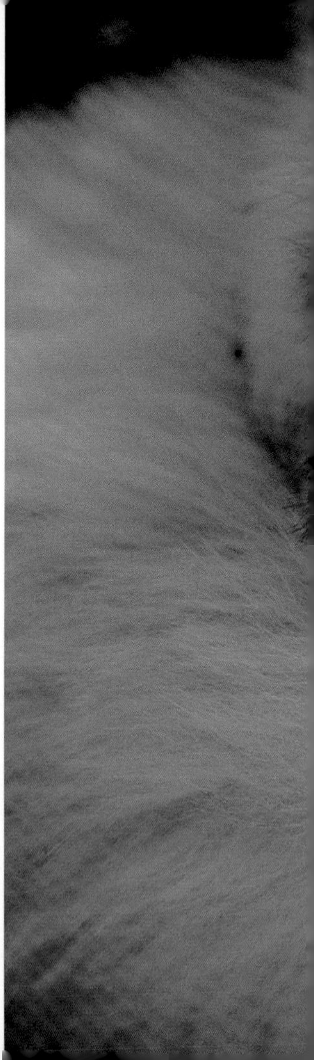

Hunderassen

AKITA

Herkunft: Japan. Kommen ursprünglich von der Insel Honsu.
Beschreibung: Rüden: 64–70 cm, Hündinnen: 58–64 cm. Großer, gut proportionierter Hund mit robuster Konstitution; kräftig und muskulös. Auffällig ist seine breite Stirn mit der typischen Stirnfurche. Ohren klein, dreieckig, eher dick, aufrecht, nach vorne geneigt. Das Fell ist hart, das Deckhaar grob, mit weicher Unterwolle. Die Rute wird fest eingerollt auf dem Rücken getragen.
Farben: rot-falbfarben, sesam (rot-falbfarbene Haare mit schwarzen Spitzen), brindel, weiß.
Eigenschaften: intelligent, ruhig, robust, mit ausgeprägtem Jagd- und Schutztrieb. Sehr revier- und rangordnungsbewusst, duldet ungern fremde Hunde neben sich, zeigt deutlich seine Dominanz. Zuverlässig in seiner Familie und mit Kindern. Pflegeleichter Hund, der engen Familienanschluss und bei konsequenter Erziehung viel Verständnis braucht. Er ist ziemlich stressfrei und bewahrt den kühlen Kopf seines Rudels. Von Natur aus misstrauisch, ist er seinem Herrn und seiner Familie treu ergeben und absolut loyal, gegenüber Fremden allerdings sehr zurückhaltend.
Besonderheiten: Aufgrund ihrer dichten Unterwolle muss diese Rasse regelmäßig gebürstet werden, gerade während des Haarwechsels.

DEUTSCHE DOGGE

Herkunft: Deutschland.
Beschreibung: Rüden: 80 cm, Hündinnen 72 cm. Die Deutsche Dogge hat einen kräftigen Rücken, starke Läufe und einen eher langen Kopf. Das Fell ist dicht und kurz. Es glänzt und liegt eng am Körper an. Sie hat einen lang gestreckten, schmalen Kopf mit stark betontem Stirnansatz und möglichst breitem Nasenrücken; die Rute ist mittellang, nur bis zum Sprunggelenk hinabreichend. Augen rund, möglichst dunkel, mit lebhaftem, klugen Ausdruck. Die Ohren sind lang und wurden früher spitz kupiert.
Farben: Es gibt verschiedene Färbungen, nach denen teilweise einzelne Schläge unterschieden werden. Folgt man einer solchen Unterteilung, dann sind die Harlekindogge mit weißer Grundfarbe und unregelmäßigen schwarzen Flecken, einfarbige und gestromte Doggen zu unterscheiden.
Eigenschaften: Die Deutsche Dogge ist ihrem Halter treu ergeben, gegenüber Fremden aber misstrauisch. Sie zeichnet sich durch ihre Wachsamkeit aus und ist im Allgemeinen ein recht ruhiges Tier, aber sie braucht viel Bewegung. Erzieht man sie liebevoll und konsequent, wird man feststellen, dass diese großen Hunde ein sehr gutes Verhältnis zu Kindern entwickeln können.

ALASKAN MALAMUTE

Herkunft: Nordamerika. Direkter Nachkomme des arktischen Wolfes.
Beschreibung: Rüden: 55–67 cm, Hündinnen: 50–57 cm. Kraftvoller, gut gebauter Hund mit starkem Körperbau und einem wohlgeformten, breiten Kopf. Er hat dreieckige Katzenohren und mandelförmige Augen, bräunlich-rot oder schwarz. Mittellanges, dichtes und hartes Stockhaar mit weicher, talgiger Unterwolle. Die Rute ist buschig und lang und wird locker über dem Rücken getragen. Er hat ein wetterfestes doppeltes Fell, wobei das weiche fettige Unterfell 3–5 cm lang werden kann, das dichte Deckhaar jedoch relativ kurz ist. Die Ohren sind aufrecht.
Farben: schwarz mit weißen Abzeichen an Brust, Maske und Pfoten, wolfsgrau sowie zusätzlich braune Zwischentöne. Es gibt auch komplett rote Varianten. Ganz weiße Alaskan Malamuten gibt es sehr selten. Schnauze und Pfoten sind normalerweise weiß.
Eigenschaften: Äußerst treu, sehr intelligent und folgsam, sehr anhänglich. Außerdem ist er sehr sauber und geruchlos und bellt nicht. Er ist ein wunderbarer Schlittenhund und gleichzeitig ein sehr angenehmer und guter Familienhund.
Besonderheiten: Er wird wegen seines Aussehens irrtümlicherweise mit dem Siberian Husky verwechselt. Er hat allerdings keine blauen Augen.

AMERIKANISCHE BULLDOGGE

Herkunft: USA. Direkter Nachkomme des Molosser.
Beschreibung: Rüden: 58–68 cm, Hündinnen: 53–63 cm. Mittelgroß, breit, kompakt mit breitem, massigem Kopf, muskulöser Hals und breite Schultern, kräftige Beine. Im Vergleich zu seinen englischen Rassengenossen ist er größer und schwerer. Man unterscheidet zwischen dem muskulöseren »Scott-Standard-Type« und dem »Johnson-Bully/Classic-Type«. Viele der in Europa lebenden Hunde sind Mischlinge aus beiden Typen. Amerikanische Bulldoggen haben ein kurzes, dichtes Haarkleid, das sich fest anfühlt. Das Fell ist sehr pflegeleicht. Einmal in der Woche kämmen reicht völlig.
Farben: Die Grundfarbe ist stets weiß, kann aber Flecken in verschiedenen Brauntönen aufweisen.
Eigenschaften: Durch sein sensibles, aber dickköpfiges Wesen und seine enorme Körperkraft ist die American Bulldog kein Hund für jedermann. Mit Druck und Gewalt lässt sich wenig erzielen. Man muss bei der Erziehung sehr viel Einfühlungsvermögen haben. Er gilt als sehr menschenfreundlich. Die Bulldogge ist ein Familienhund und versteht sich gut mit Kindern.
Besonderheiten: Insbesondere in den ersten 18 Monaten muss Wert auf Bindung, Sozialisierung und viel spielerisches Gehorsamstraining gelegt werden.

ARIÉGEOIS

Herkunft: Frankreich. Der Ursprung der Rasse liegt in der französischen Provinz Ariège im Südwesten Frankreichs.
Beschreibung: 55–60 cm. Leichter, mittelgroßer Hund, elegant und vornehm. Das Haar ist kurz, dünn und dicht. Er wirkt sehr muskulös, die Brust ist lang, mittelmäßig breit; sie reicht bis auf Ellenbogenhöhe hinab. Die Ohren sind lederartig geschmeidig, gefaltet und lang herabhängend, am Ansatz schmal und knapp unterhalb der Augenlinie angesetzt. Wie aus der Beschreibung ersichtlich, ist er ein hochläufiger Hund, großen Laufhunden sehr ähnlich. Typisch ist, dass die Lefzen nicht über den Unterkiefer hinaushängen. Der Körper ist der Hasenjagd gut angepasst mit breiter, ovaler Brust, die bis zu den Ellbogen reicht. Gut angesetzte, säbelförmige Rute.
Farben: weiß mit klaren, gut abgegrenzten schwarzen Flecken; manchmal schwarz getüpfelt; ziemlich blasse lohfarbene Abzeichen auf den Wangen und über den Augen.
Eigenschaften: kampflustig, stark und stur während der Jagd; lieb, spielerisch und sanft mit seinem Menschenrudel.
Besonderheiten: Der Ariégeois wird auch Hasenhund genannt, hergeleitet aus seinem speziellen Einsatzgebiet. Er stammt aus einer Kreuzung großer Laufhunde und Briquets. Eingekreuzt wurden unter anderem Grand bleu de Gascogne und Grand Gascon Saintongeois.

AUSTRALIAN SHEPHERD

Herkunft: Australien. Ursprünglich Kreuzung zwischen australischen und neuseeländischen Schäferhunden.
Beschreibung: Rüden 45–48 cm, Hündinnen: 43–53 cm. Mittelgroßer, robuster Hund. Gut erhobener Kopf, Hängeohren, halb aufgerichtet getragene Rute, fast immer blaue Augen, ziemlich üppiges Haarkleid.
Farben: Schwarz, rot oder weiß mit kastanienbraunen Abzeichen.
Eigenschaften: Der Australian Shepherd ist intelligent, aufmerksam und ausdauernd. Außerdem ist er ein zuverlässiger und treuer Gefährte mit einem ausgesprochenen Hüte- und Bewachungsinstinkt. Leider neigt er auch zum ausgiebigen Bellen. Weiterhin zeichnet er sich durch seine Ausgeglichenheit und Gutmütigkeit aus, nur selten ist er streitsüchtig. Beim ersten Kontakt gegenüber unbekannten Menschen kann er etwas reserviert erscheinen, jedoch ist er seinem Herrchen oder Frauchen gegenüber sehr anhänglich.
Besonderheiten: Das lange Fell des Australischen Schäferhundes benötigt regelmäßige Pflege.

AZAWAKH

Herkunft: Mali. Stammt vom afrikanischen Windhund ab, der ursprünglich aus Asien stammt.
Beschreibung: 4 verschiedene Größen: von 28-60 cm. Mit seinem geraden und schlanken Körperbau ist der Azawakh ein typischer Windhund. Unter seiner dünnen Haut zeichnen sich die ausgeprägten Muskelstränge ab. Seine ganze Konstitution ist perfekt an die Witterung seiner nordafrikanischen Heimat angepasst.
Fast am ganzen Körper ist das Fell des Azawakh kurz und dünn. Am Bauch ist er fast kahl. Feine Hängeohren, schwarze oder braune Nase mit weit offenen Nasenlöchern; lange und spitz auslaufende Rute.

Farben: Das Haar kann alle Farbnuancen von hellen Sandfarben bis zu dunkler Fauve haben. Gescheckt sind, wenn überhaupt, nur die Läufe. Ansonsten hat er einen weißen Brustfleck, einen weißen Pinsel an der Rutenspitze und weiße »Stiefel«.
Eigenschaften: Fremden gegenüber ist er scheu und lässt sich nicht gerne anfassen. Hat er allerdings Vertrauen zu seiner Familie gefasst, ist er sanft und liebevoll. Ein Anfängerhund ist der Azawakh nicht. Er ist sehr lebhaft und braucht deshalb eine sehr konsequente Erziehung.
Besonderheiten: Wegen seines dünnen, kurzen Fells braucht der Azawakh keine aufwändige Pflege.

PUDEL

Herkunft: Frankreich.
Beschreibung: Die bekannten und beliebten Pudel gibt es in mehreren Größen. Man unterscheidet zwischen Groß-, Mittel- und Zwergpudel. Sehr kleine Formen sind deutlich kleiner als 30 cm, große Arten werden mehr als 60 cm groß. Insgesamt wirkt der Körper eher quadratisch. Der Hals ist nicht übermäßig lang, der Rücken eher kurz. Die Gliedmaßen sind kräftig und muskulös. Sie enden in oval geformten Pfoten mit sehr kräftigen Ballen. Der Pudelkopf ist gerade und lang, der Fang ebenfalls lang und nicht spitz zulaufend. Das Haarkleid des Pudels ist üppig. Es hat einen wolligen Griff und kann bei geschorenen Tieren Locken bilden.

Farben: Als traditionell rassetypisch gelten schwarz, weiß, silber, kastanienbraun und aprikosenfarben.
Eigenschaften: Der Pudel ist ein temperamentvoller, aktiver Hund, der über Intelligenz und ein gutes Lernvermögen verfügt. Überdies kann er sich ausgesprochen anhänglich zeigen. Er hat sich schon seit einiger Zeit zu einem typischen Begleit- und Familienhund entwickelt. Je nach Größe ist es mehr oder weniger günstig, ihn in einer Wohnung zu halten – wobei ihm stets genügend Auslauf und Beschäftigung geboten werden müssen. Der Pudel hat ein gutes Verhältnis zu Kindern.

BASSET HOUND

Herkunft: Großbritannien. Direkter Nachkomme des Bluthundes.

Beschreibung: 35 cm. Kurzläufiger und schwerknochiger, aber wendiger Hund. Der Kopf ist mächtig, aber ausgewogen. Am ganzen Kopf viel lose Haut, die runzelig über Gesicht und Backen fällt. Der Nasenspiegel ist schwarz, die Lefzen hängend. Starker Hals mit schwerer Wamme. Er hat dunkle, sanfte Augen, sehr lange Ohren und eine leicht säbelförmige Rute. Das Fell ist kurz, hart und glatt.

Farben: in der Regel weiß mit braunen, schwarzen und sandfarbenen Flecken.

Eigenschaften: Sanfter, aber nicht schüchterner Hund, sehr anhänglich und äußerst kinderfreundlich. Er hat eine starke Beißhemmung und eine angenehme Stimme. Aber er kann sehr dickköpfig sein. Er besitzt einen ausgezeichneten Geruchssinn, seine Reflexe sind jedoch etwas langsam.

DACHSHUND (DACKEL/TECKEL)

Herkunft: Deutschland.

Beschreibung: Es gibt Normal-, Zwerg- und Kaninchenteckel, und es gibt sie mit kurzem, langem oder rauem Haar. Sehr niedrig gestellter, lang gestreckter und muskulöser Hund mit stolzer Körperhaltung und intelligentem Ausdruck. Der Kopf ist lang gestreckt, der Oberkopf nur schwach gewölbt, Nasenknorpel und Nasenkuppe lang und schmal. Die Augen sind oval und dunkelrotbraun bis schwarzbraun; bewegliche Ohren, deren vorderer Saum dicht an der Wange anliegt. Die Rute wird in derselben Linie wie das Rückgrat getragen. Das Fell ist beim Kurzhaardackel kurz, dicht und glänzend und lang, glatt und glänzend beim Langhaaardackel. Zudem gibt es noch die Rauhaar-Variante.

Farben: Rot, rotgelb, gelb, alles mit oder ohne Stichelung. Außerdem gefleckt, gestromt, zweifarbig oder andersfarbig.

Eigenschaften: Dackel sind mutig, zäh, lebhaft, anhänglich, schlau und ohne Komplexe. Die Bindungswilligkeit der Dackel ist weniger intensiv ausgeprägt. Ihre Ausbildung bedarf einer liebevollen Konsequenz und eines sachkundigen Hundeführers und sollte möglichst schon im Welpenalter einsetzen. Dies betrifft auch das Einwirken auf den Dackel im Umgang mit anderen Hunden und Menschen.

BEAGLE

Herkunft: Großbritannien. Stammt wahrscheinlich von den alten englischen Laufhunden ab.
Beschreibung: 33–40 cm. Der Kopf ist kraftvoll, aber nicht grob; schwarze, breite Nase, gewölbter Schädel. Stumpfer Fang mit deutlichem Stopp. Die Augen sind dunkelbraun oder haselnussbraun, die Ohren lang. Ziemlich langer Hals mit leichter Wamme; muskulöse Schenkel, Pfoten rund und stark. Das Fell ist kurz, glatt, sehr dicht und nicht zu fein.
Farben: blau mit schwarzer Stromung, weiß, schwarz, lohfarben, orange, tricolor, alle Houndfarben.
Eigenschaften: Ein anhänglicher, lebhafter, sauberer, ruhiger Hund mit angenehmer Stimme.
Besonderheiten: Er wird besonders für die Jagd auf Hase, Fasan, Wachtel und für den Fischfang eingesetzt, ist jedoch als Haushund gleichermaßen beliebt.

BEARDED COLLIE

Herkunft: Großbritannien. Stammt wahrscheinlich vom Bobtail ab.
Beschreibung: 53-56 cm. Robuster, aber nicht schwerfälliger Hund mit großem Kopf und langem Fang, gut auseinander stehende Augen in einer mit dem Fell harmonierenden Farbe. Hoch angesetzte Hängeohren, lange Rute. Das Deckhaar ist rau und hart, die Unterwolle dicht und weich.
Farben: schiefergrau, rehbraun mit rötlicher Tönung, alle Grautöne, schwarz, sandfarben, auch mit hellen Abzeichen.
Eigenschaften: Er ist lebhaft, gutmütig und sehr liebenswürdig. Er ist ein ebenso beliebter Hütehund wie angenehmer Begleithund.
Besonderheiten: Der Bearded Collie liebt es, im Freien zu übernachten.

BEDLINGTON TERRIER

Herkunft: Großbritannien. Seinen Namen verdankt er einer kleinen nordenglischen Ortschaft.
Beschreibung: 38–40 cm. Er gleicht irgendwie einem Schaf: Birnenförmiger Kopf mit langem Fang und kleinen, tief liegenden Augen. Die Ohren sind tief angesetzt und dicht an den Wangen herabhängend; die Rute ist mäßig lang, dick im Ansatz, spitz zulaufend. Das Fell ist dicht und wattig und muss geschoren werden.
Farben: blau, sand- und leberfarben, mit und ohne Loh.
Eigenschaften: Obwohl er wie ein Schaf aussieht, war der Bedlington Terrier ursprünglich aggressiv. Dank Zuchtauswahl ist er heute ein anhänglicher, treuer Begleit- und Wachhund.
Besonderheiten: Er ist ein geborener Rattenfänger und Jagdhund und hat bis heute nichts von seinen Instinkten eingebüßt.

BICHON À POIL FRISÉ

Herkunft: Frankreich. Ist im 15. Jahrhundert aus dem Malteser hervorgegangen.
Beschreibung: 30 cm. Mäßig langer und nicht zugespitzter Fang, wenig ausgeprägter Stopp. Rundliche, dunkle Augen, behaarte Hängeohren, langer Hals und gut entwickelter Brustkorb. Rute wird über dem Rücken getragen. Feines, seidiges, 7-10 cm langes Haar.
Farben: einfarbig weiß, manchmal mit kaffeebraunen oder grauen Flecken (besonders an den Ohren).
Eigenschaften: Er ist unerschrocken, lebhaft, intelligent und sehr temperamentvoll, und gilt als treuer und anhänglicher Begleithund.
Besonderheiten: Schon in der Renaissance erfreute sich der Bichon frisé großer Beliebtheit. Er wurde von Francisco de Goya in mehreren Bildern verewigt.

BLOODHOUND

Herkunft: Belgien. Die Rasse ist mehr als tausend Jahre alt und wurde von den Mönchen des St. Hubertusklosters in Belgien weiterentwickelt.

Beschreibung: Rüden: 67 cm, Hündinnen: 60 cm. Massive, imponierende Gestalt mit kräftigem, aber nicht zu breitem Kopf, schwarzem Nasenspiegel, sehr langen, hängenden Lefzen, starke Hautfalten an Stirn und Wangen. Dunkelbraune Augen und sehr lange, tief und schmal angesetzte Ohren, leicht und elegant gebogene Rute. Das Fell ist am Körper kurz und hart, an den Ohren und am Oberkopf fein und seidig.

Farben: schwarz-lohfarben oder einheitlich rötlich-braun.

Eigenschaften: Ein friedfertiger, ruhiger, schüchterner und gutmütiger Hund. Er besitzt einen hervorragenden Geruchssinn, so dass er nicht nur zum Aufstöbern von Wild, sondern auch zur Suche nach vermissten Personen eingesetzt wird. Er ist jedoch ebenso ein liebenswerter Begleithund.

Besonderheiten: Wegen seiner großen Gutmütigkeit kann er nicht als Wachhund abgerichtet werden.

BOBTAIL (OLD ENGLISH SHEEPDOG)

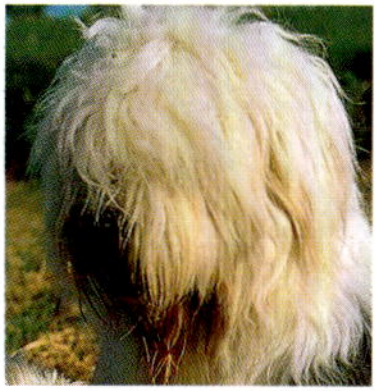

Herkunft: Großbritannien.

Beschreibung: 56-58 cm. Muskulöser und vierschrötiger Körper mit dichtem Fell, elastischer Gang und angenehme Stimme. Großer, quadratischer Kopf, dunkle Augen, kleine am Kopf anliegende Ohren.

Farben: Alle Schattierungen von grau, gescheckt, blau, mit oder ohne weiße Flecken.

Eigenschaften: Ein intelligenter, gutmütiger, lerneifriger und folgsamer Hund, vorzüglicher Hütehund und angenehmer, besonders kinderfreundlicher Begleithund. Als ehemaliger Herdenschutzhund bewacht der Bobtail alles ihm Anvertraute.

Besonderheiten: Eine besonders sorgfältige Fellpflege ist erforderlich, um Hauterkrankungen zu vermeiden.

BOLOGNESER

Herkunft: Italien. War schon im Mittelalter ein sehr beliebter Hund.
Beschreibung: Rüden: 27–30 cm, Hündinnen: 25–28 cm. Er hat einen gedrungenen, quadratischen Körper, einen mittellangen Kopf mit geradem Nasenrücken; einen schwarzen Nasenspiegel und große Augen, hoch angesetzte, etwas abstehende Hängeohren. Die Rute wird über dem Rücken getragen. Das Fell ist gekräuselt und büschelig.
Farbe: rein weiß.
Eigenschaften: Ein ernster, sehr intelligenter anhänglicher Familienhund, der mutig sein Terrain gegen Eindringlinge verteidigt.

BORDER COLLIE

Herkunft: Großbritannien. Stammt von den Rentier-Hirtenhunden ab.
Beschreibung: 53 cm. Der Border Collie kommt in zwei Varianten vor. Rauhaarig mit dichtem, geradem, 8 cm langem Fell und glatthaarig mit 2,5 cm langem Fell. Rücken und Brust sind recht kräftig. Sein Gewicht liegt normalerweise bei unter bis knapp über 20 kg. Der langhaarige Schlag soll befederte Läufe, eine buschige Rute und eine Mähne aufweisen.
Farben: weiß, schwarz, kastanienbraun, schwarz-weiß.
Eigenschaften: Intelligent, ausgeglichen, bereitwillig, aufmerksam und lerneifrig. Er ist ein widerstandsfähiger, wendiger und unermüdlicher Hirtenhund. Viel Arbeit bereitet die Fellpflege beim Fellwechsel. Aber auch während der übrigen Zeit empfiehlt es sich, die Hunde dieser Rasse regelmäßig und gründlich zu bürsten.
Mit Kindern kommt der Border Collie gut zurecht. Durch seine Gehorsamkeit und Anhänglichkeit ist er ein ausgezeichneter Familienhund.
Besonderheiten: Der Border Collie ist kein Stadthund, denn er braucht viel Bewegung und eine entsprechende Beschäftigung und Auslastung – und schon gar nicht für eine beengte Wohnung geeignet.

FRANZÖSISCHE BULLDOGGE

Herkunft: Frankreich. Stammt wahrscheinlich von der Englischen Bulldogge ab.
Beschreibung: 28–31 cm. Kleiner Hund mit breitem, eckigen Schädel, verkürzter Schnauze mit schwarzen, dicken und gut schließenden Lefzen. Dunkle, runde, etwas hervortretende Augen, breit angesetzte, oben abgerundete, aufrecht getragene Fledermausohren. Tonnenförmiger Brustkasten mit gewölbten Rippen, tief getragene Rute. Das Fell ist kurz, weich und glänzend.
Farben: schwarz und nicht zu dunkel rotgelb gestromt, weiße Grundfarbe und gescheckt.
Eigenschaften: Mutig, aktiv, ausgeglichen, anhänglich, intelligent und sehr drollig.
Ein angenehmer Begleithund, der auch als Wächter des Hauses gute Dienste leistet. Außerdem ist er ein hervorragender Rattenfänger.
Besonderheiten: Man muss darauf achten, dass der Bully nicht verfettet, da er sonst Atemprobleme bekommt.

BOUVIER DES FLANDRES

Herkunft: Belgien/Frankreich.
Beschreibung: 68 cm. Der Bouvier des Flandres ähnelt dem Riesenschnauzer. Er hat einen massiven Kopf mit Schnauzbart. Der Nasenspiegel ist länglich, der Fang stark und breit. Er hat dunkle Augen mit offenem, energischem Blick und dreieckige Stehohren. Die Vorderläufe sind vollkommen gerade und gut bemuskelt. Der Rumpf ist stark und kurz, die Rute wurde früher kupiert. Das Haar ist drahtig.
Farben: schwarz, rehbraun, grau, Pfeffer und Salz.
Eigenschaften: Ein ausgesprochen gutmütiger Hund, der sich gut als Familienhund eignet. Gleichzeitig ist er ein hervorragender Wachhund.
Besonderheiten: Wegen seiner Kraft und Intelligenz wird der Bouvier gerne als Melde- oder Rettungshund eingesetzt.

BOXER

Herkunft: Deutschland. Kreuzung zwischen dem alten »Bullbeißer« und der Bulldogge.
Beschreibung: Rüden: 59–70 cm, Hündinnen: 57–65 cm. Wohlproportionierter, schlanker Kopf ohne Falten. Der Unterkiefer überragt den oberen und biegt sich leicht nach oben. Zähne und Zunge sind bei geschlossenem Mund nicht sichtbar. Die Nase ist breit und schwarz, die Ohren hoch angesetzt, die Augen dunkel. Der Hals ist kurz, kräftig und muskulös, ohne Wamme. Der Rumpf ist quadratisch, die Rute wurde früher kupiert, heute lang getragen. Das Fell ist kurz, glatt und glänzend.
Farben: Rotbraun bis fast gelb in einfarbiger oder gestromter Ausprägung. Die Streifen sollen nicht zu dick werden. Weiße Abzeichen möglich.
Eigenschaften: Der Boxer ist stürmisch. Mit liebevoller und geduldiger Erziehung bringt man ihm bei, seine Kraft da einzusetzen, wo sie den Halter nicht stören kann. Mut, Verlässlichkeit und Treue gehören ferner zu seinen Eigenschaften. Auch als Familienhund ist er sehr gut geeignet, außerdem ist er kinderfreundlich.
Besonderheiten: Der Boxer kann hervorragend als Schutzhund eingesetzt werden, denn sein großer Mut lässt ihn so schnell vor nichts zurückschrecken.

WEIMARANER

Herkunft: Deutschland.
Beschreibung: Rüden: 59-70 cm, Hündinnen: 57-65 cm. Mittelgroßer, schwerer Hund mit einer schönen Gesamterscheinung. Breiter, trockener Kopf, dunkelfleischfarbiger Nasenspiegel, langer und kräftiger Fang, angedeuteter Stopp. Die Augen sind bernsteingelb. Er hat einen kräftigen Rücken und vergleichsweise lange Gliedmaßen. Das Deckhaar ist beim traditionell bekannteren kurzhaarigen Schlag kurz, es kann fein oder kräftiger, auch stockhaarig sein. Es gibt außerdem den langhaarigen Schlag mit gut 3 cm langem Deckhaar, das an einigen Stellen, z.B. an der Brust, noch länger ist.
Farben: Typische Fellfarben sind Grautöne, die zu verschiedenen Farben tendieren können, wie z.B. zu einem bräunlich-roten Grau.
Eigenschaften: Fleißig und ausdauernd bei der Arbeit. Kann dort durchaus Schärfe entwickeln. Weiter zeichnet er sich im Allgemeinen durch ein ruhiges Wesen und durch Fügsamkeit aus. Bei der Jagd wird der Weimaraner typischerweise als Vorstehhund eingesetzt. Wer ihn als Haushund hält, muss unbedingt dafür sorgen, dass das Tier sehr viel Auslauf und Bewegung bekommt. Weder im Umgang mit seinen Artgenossen noch mit Kindern sagt man ihm besonders problematisches Verhalten nach.

BRACCO ITALIANO

Herkunft: Italien. Typische Züge der heute im mittel- und nordeuropäischen Raum verbreiteten Bracken lassen sich über keltische Vorfahren bis zu den Römern zurückverfolgen

Beschreibung: 55–67 cm. Harmonisch und kräftig, im Ausdruck ernst, der Gang weit ausgreifend und elastisch. Charakteristisch ist der lang gestreckte eckige Kopf mit etwas vorstehender Stirn und ausgeprägtem Jochbogen, einem großen fleischfarbenen oder braunen Schwamm, leicht überfallenden Lefzen, je nach Fellfarbe gelben oder ockerfarbenen Augen. Die Ohren sind gut entwickelt und geschmeidig nach vorne eingerollt. Sein Haar ist kurz und fein.

Farben: reinweiß, weiß mit orangenfarbenen, bernsteingelben oder kastanienbraunen Flecken, weiß mit orangenfarbenen oder kastanienbraunen Tupfen.

Eigenschaften: Er ist gefügig, folgsam, gelehrig und nicht allzu überschwänglich. Ein ausgezeichneter Stöberhund mit sehr gutem Vorstehen und großer Bringfreude. Er eignet sich für alle Jagdzwecke und formt mit dem Jäger eine vorzügliche Einheit. Er eignet sich auch als Familienhund.

BULLMASTIFF

Herkunft: Großbritannien. Eine Kreuzung von englischem Mastiff und Bulldogge.

Beschreibung: Rüden: 63–68 cm, Hündinnen: 61–66 cm. Er hat eine etwas gedrungene Gestalt mit geradem, kurzem Rücken, breite, tief liegende Brust. Er ist muskulös und stark, aber nicht schwerfällig. Der Kopf ist breit und quadratisch mit deutlicher Stirnfaltenbildung. Möglichst dunkle, haselnussbraune Augen, senkrechte Stirnfurche, v-förmige, rückwärts getragene Ohren. Die Rute reicht bis zu den Sprunggelenken. Sein Haar ist kurz, hart und liegt glatt am Körper an.

Farben: rot, rehbraun in allen Schattierungen, auch gestromt.

Eigenschaften: Er ist lebhaft, wachsam, treu und absolut zuverlässig. Er ist zwar ein ruhiger Hund, aber nicht träge. Er kann lebhaft sein, ist wachsam, bellt aber nur, wenn es sein muss. Deshalb wird er gerne als Schutzhund eingesetzt. Er ist treu und anhänglich, sanft und durchaus kinderfreundlich. Als geborener Wachhund verteidigt er instinktiv seine Familie.

Besonderheiten: Dieser Hund verlangt seinem Herrn einiges ab. Er verfügt über ein äußerst gutes Gehör und einen erstklassigen Geruchssinn. Er muss von klein auf gut erzogen werden, damit aus ihm ein zuverlässiger und freundlicher Zeitgenosse wird.

BULLTERRIER

Herkunft: Großbritannien. Kreuzung zwischen Bulldogge, englischem Terrier und spanischem Pointer.
Beschreibung: Diese Terrier gibt es in unterschiedlicher Größe. Ein kleinerer Schlag wird gesondert als Miniatur Bullterrier bezeichnet. Der Bullterrier hat einen langen, eiförmigen Schädel ohne Stopp, dunkle, sehr kleine mandelförmige Augen, starke und muskulöse Schultern, einen Körper mit ausgeprägter Rippenwölbung und großer Brusttiefe. Kurze, waagrecht getragene Rute. Die Tiere haben einen muskulösen Hals und eine tief angesetzte Brust. Das Fell ist kurz und glatt. Die Pflege ist unproblematisch.
Farben: Kurz und glatt ist das Fell dieser Terrier. Es gibt weiße Tiere, aber auch gestromte oder vielfarbige.
Eigenschaften: Bullterrier haben nicht den Ruf, zu den friedlichsten Tieren zu gehören. Durch kluge Zuchtauswahl gibt es heutzutage sehr umgängliche und freundliche Exemplare, die sehr anhänglich sind. Bullterrier gelten als gute Wächter, sie zeichnen sich durch Nervenfestigkeit und Mut aus. Allerdings wird der Standard Bullterrier in den meisten Bundesländern in ihren Hundeverordnungen in der Liste der gefährlichen Hunde geführt.

ENGLISCHE BULDOGGE

Herkunft: Großbritannien. Nachkomme des asiatischen Mastiffs.
Beschreibung: 30–35 cm. Er ist kleinwüchsig, breit, kompakt, mit breitem, massivem Kopf. Der Schädel muss breit sein mit rundlichen Backen, die seitwärts über die Augen herausragen, breiter, schwarzer Nasenspiegel, herabhängende Oberlefzen. Rundliche, weit auseinander stehende, sehr dunkle Augen, kleine, dünne Ohren, hängende Rute. Das Fell ist kurz und fein.
Farben: fahlrot und weiß, auch weiß gesprenkelt oder gestromt.
Eigenschaften: Eher unverträglich sieht das Tier aus – doch muss das überhaupt nicht so sein. Heutige Bulldoggen können sich als geradezu sanft, freundlich und liebenswert erweisen. Sie zeigen Zuverlässigkeit, Anhänglichkeit und sind zudem sehr wachsam.
Sehr viel Auslauf braucht eine Bulldogge nicht unbedingt. Man sagt diesen Tieren ausgeprägte Kinderfreundlichkeit nach. Problematisch kann dagegen das Verhalten gegenüber anderen Tieren sein.

CANE CORSO

Herkunft: Italien. Der Ursprung und die Abstammung des Cane Corso ist noch nicht sicher belegt worden.

Beschreibung: Rüden: 64–68 cm, Hündinnen: 60–64 cm. Der Cane Corso ist ein großer, kräftiger, deutlich molosserartiger Hund, der insgesamt etwas länger als hoch sein sollte. Das Haar ist kurz, glänzend, sehr dicht, mit wenig Unterwolle. Breiter, molossoider Kopf, markanter Stirnabsatz mit sichtbarer Stirnfurche und betonten Augenbrauenbogen, leichter Vorbiss, Schnauze/Oberkopf Verhältnis 1 zu 2. Die Ohren sind sehr hoch angesetzt, dreieckig, hängend, mit einem breiten Ansatz.

Farben: schwarz, bleigrau, schiefergrau, hellgrau, hell falbfarben, hirschrot, dunkel falbfarben, gestromt in allen Schattierungen mit grauer oder schwarzer Maske, die nicht über die Augen hinaus reichen sollte.

Eigenschaften: In Italien arbeiten diese Hunde oft im Rudel und werden als Familien-, Schutz-, Herdentreiber- oder Hütehunde gehalten und sind außerhalb Italiens relativ selten anzutreffen. Sie gelten als gelehrig, arbeitsfreudig, ruhig, freundlich, kinderlieb, treu, anschmiegsam, verspielt, sportlich und verhalten sich Fremden gegenüber eher gleichgültig und uninteressiert, soweit ihre Familien oder deren Besitz nicht bedroht werden.

PYRENÄEN BERGHUND

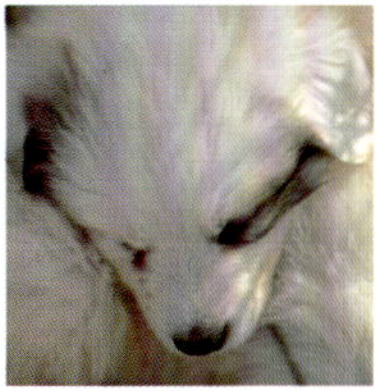

Herkunft: Spanien.

Beschreibung: 77 cm. Er ist ein sehr großer Hund von überdurchschnittlichem Format. Sein rechteckiger Körperbau ist harmonisch, kräftig und muskulös. Er hat einen großen, mächtigen und mäßig langen Kopf, der auf einem breiten, muskulösen und biegsamen Hals sitzt. Das Haarkleid ist dicht, dick und von mäßiger Länge. An Schultern, Hals, Bauch, der Hinterseite der Läufe und der Rute sind die Haare länger als am restlichen Körper. Er hat kleine, mandelförmige, meist haselnussfarbene Augen. Die Ohren sind mittelgroß, dreieckig, flach hängend und höher als die Augenlinie angesetzt. Der Rücken ist breit und muskulös. Eine ideale Rute ist mittelhoch angesetzt, am Ansatz dick, kräftig und biegsam.

Farben: rein weiß mit mittelgrauen, intensiv goldgelben, braunen, schwarzen, silberfarbenen, hell-beigen, sandfarbenen oder marmorierten Flecken.

Eigenschaften: Sie gelten als ausgeglichene, treue Hunde mit einem zuverlässigen Charakter, enormer Ausdauer, Instinktsicherheit und Kraft. Trotz dieser Eigenschaften erweisen sich artgerecht gehaltene Pyrenäen-Berghunde als sehr menschenbezogen und ruhig.

KARELISCHER BÄRENHUND

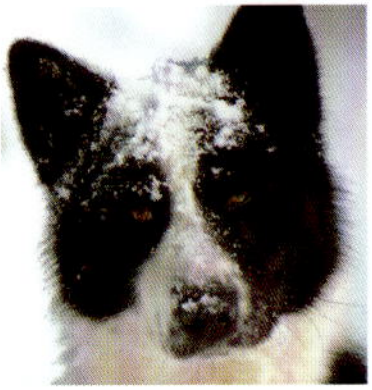

Herkunft: Finnland.
Beschreibung: Rüden: 57 cm, Hündinnen: 52 cm. Mittelgroß, robust, von leichtem Rechteckformat, mit keilförmigem Kopf, geradem Nasenrücken, schwarzem Nasenspiegel, feinen Lefzen. Die Augen sind klein und braun, die Ohren mittelgroß und aufrecht stehend. Muskulöse Schultern und kräftige Läufe, breiter Brustkasten, aufgebogene Rute oder Ringelrute, gerades und steifes Deckhaar mit weicher Unterwolle.
Farben: schwarz, mit weißen Abzeichen oder Flecken an Kopf, Hals, Brust und Pfoten.
Eigenschaften: Ein sehr mutiger Hund mit großem Selbstvertrauen, der jedoch seinem Herrn unbedingt folgt und treu ergeben ist. Bei seiner Erziehung ist viel Geduld nötig, da er ausgesprochen stur sein kann. Ansonsten ist er ein sehr loyaler Familienhund.
Besonderheiten: Der Karelische Bärenhund ist bei finnischen Jägern sehr beliebt, auch im restlichen Skandinavien hat er Liebhaber gefunden.

CÃO DE AGUA PORTUGUÊS– PORTUGIESISCHER WASSERHUND

Herkunft: Portugal.
Beschreibung: Rüden: 50–57 cm, Hündinnen: 42–52 cm. Wohlgestalteter Kopf, zum Nasenspiegel sich verjüngender Fang, leicht schräg gestellte braune oder schwarze Augen, herzförmige, gut anliegende Behänge, gerade und gut bemuskelte Läufe. Reiches und starkes Haarkleid in zwei Varianten: gewellt oder gelockt, ohne Unterwolle.
Farben: schwarz, weiß, braun oder eine Mischung dieser Farben.
Eigenschaften: Ein fröhlicher, temperamentvoller anhänglicher und treuer Hund. Er ist ein ausgezeichneter Schwimmer und wurde früher von portugiesischen Fischern dazu abgerichtet, alles, was über Bord ging, wieder zurückzuholen. Er zeichnet sich durch seine Eigenwilligkeit und sein heftiges Temperament aus, aber er ist auch lernbegierig. Er hat große Ausdauer und einen hervorragenden Geruchssinn. Er ist arbeitsfreudig und wachsam, jedoch kein Kläffer. Aufgrund seiner Intelligenz und seines sanften Wesens hat es der portugiesische Wasserhund geschafft, sich auch als Familienhund durchzusetzen. Er ist kinderlieb, anhänglich und sehr rücksichtsvoll. Er fühlt sich auch in der Stadt wohl, dabei benötigt er aber viel Auslauf und Aufmerksamkeit.

MOPS

Herkunft: Großbritannien. Kam vor vierhundert Jahren aus China.
Beschreibung: Wird bis zu 30 cm groß. Er hat eine untersetzte, kräftige Gestalt, ist muskulös und hat einen breiten Rücken. Die Gliedmaßen sind vergleichsweise kurz. Der Kopf ist rund und in Relation zum Körper nicht gerade klein. Der Fang ist kurz. Dem Mops – wie auch anderen extrem kurzkopfigen Rassen – werden teilweise zuchtbedingte Atem- und Schluckbeschwerden nachgesagt. Er hat hervortretende Augen, samtweiche Knopfohren und eine doppelt geringelte Rute. Die kurzen, dichten Haare sind recht weich. Das kurze Fell ist in der Pflege ausgesprochen unproblematisch. Gelegentliches Bürsten und Abreiben mit einem feuchten Tuch reichen aus.
Farben: silbergrau, aprikosenfarben und weißgelb, dazu können Abzeichen kommen. Rassetypisch ist eine schwarze Maske.
Eigenschaften: Eine Reihe von angenehmen Eigenschaften haben den Mops zu einem beliebten Begleithund gemacht. Er gilt unter anderem als empfindsam, aufgeweckt und munter. Zudem ist er anhänglich und verspielt. Natürlich braucht auch er viel Beschäftigung, und an Auslauf darf es ihm nicht mangeln. Er gilt als kinderfreundlich und relativ unkompliziert im Umgang mit seinen Artgenossen.

CAVALIER KING CHARLES SPANIEL

Beschreibung: 25–34 cm. Dieser kleine Spaniel hat einen keilförmigen Fang, einen flachen Oberkopf, große, dunkle nicht hervortretende Augen, langer, reich befranster Behang und eine mittellange Rute. Das Fell ist lang, seidig und leicht gewellt. Einmal am Tag muss man das Fell schon bürsten, wenn es stets schön gepflegt aussehen soll. Zusätzlich ist es empfehlenswert, das Haarkleid regelmäßig und gründlich zu kämmen.
Farben: schwarz und lohfarben, einfarbig, rot, weiß mit kastanienbraunen Flecke.
Eigenschaften: Mit einem Cavalier King Charles Spaniel holt man sich Leben ins Haus. Er ist ein lebhafter, sportlicher Gefährte und ohne Scheu, ein sympathischer Begleithund, der eine bemerkenswerte Nase und ausgezeichnete Augen hat und deshalb auch für kurze Jagden in ebenem Gelände eingesetzt wird.

CESKY TERRIER

Herkunft: Tschechien. Die Rasse wurde von Dr. F. Horak durch Kreuzung von Sealyham und Scottish Terriers geschaffen.
Beschreibung: 27-35 cm. Der Cesky Terrier ist ein niederläufiger, aber wendiger und widerstandsfähiger Hund. Er hat einen relativ langen Kopf mit gut entwickeltem Nasenspiegel in schwarz oder leberfarben, einen robusten Fang, tief liegende Augen und nach vorne fallenden Ohren. Die Schulterpartie ist muskulös und die Läufe sind kräftig. Die Rute ist18–20 cm lang.
Farben: graublau oder hellbraun
Eigenschaften: gutmütig, gehorsam, treu, geduldig und mutig. Ursprünglicher Erdhund, der sich ganz besondert als Rattenfänger bewährt hat. Er ist der Freund aller Haustiere, spielerisch, gelehrig, mit ansprechendem Äußeren. Er ist heute ein ausgezeichneter Begleithund, der sehr kinderfreundlich ist, und auch ein vorzüglicher Wächter des Hauses .

CHIHUAHUA

Herkunft: Mexiko. Wahrscheinlich von Chinesen nach Amerika importiert.
Beschreibung: 16-22 cm. Runder Apfelkopf mit kurzer, leicht zugespitzter Schnauze; runden, tief schwarzen Augen und großen Fledermausohren. Kompakter, rechteckiger Körper, lange Rute. Es gibt einen langhaarigen und einen kurzhaarigen Schlag. Der kurzhaarige Schlag ist in der Fellpflege unproblematisch, der langhaarige muss gelegentlich gut gebürstet werden. Das Gebiss erfordert, wie dies auch bei einigen anderen Hunderassen der Fall ist, gute Pflege und besonders sorgsamen Schutz gegen Zahnsteinablagerungen, die sich schnell bilden.
Farben: rehbraun, sandfarben, kastanienbraun, stahlblau, einfarbig oder gescheckt.
Eigenschaften: Der Chihuahua ist trotz seiner geringen Größe wachsam, mutig und zudem sehr lebhaft. Er zeichnet sich durch Intelligenz und Fügsamkeit aus.
Aufgrund seiner geringen Größe kann dieser Hund auch in einer kleineren Wohnung gehalten werden. Gegenüber anderen Hunden zeigt er keine Angst. Mit Kindern kommt er sehr gut zurecht. Anders als manche andere Hunderasse passt er sich verschiedenen klimatischen Bedingungen gut an.

CHINESISCHER SCHOPFHUND

Herkunft: China. Dort seit dem 17. Jahrhundert bekannt.

Beschreibung: Rüden: 28–33 cm, Hündinnen 23–30 cm. Ein wenig bekannter Nackthund mit breitem Schädel und langem Fang. Er hat dunkle Augen und Stehohren. Die Rute ist am Ende behaart. Auch der Oberkopf ist etwas behaart, der restliche Körper ist vollkommen nackt.

Farben: Die Hautfarbe ist grau-rosa, auch mit schwarzen Flecken.

Er braucht regelmäßige Bäder, damit Haut und Haar gepflegt und sauber bleiben. Diese Hunde müssen im Sommer, gerade wenn sie heller pigmentiert sind, mit einer milden Sonnenlotion eingerieben werden. Im Winter bei niedrigen Temperaturen brauchen sie bei ausreichender Bewegung nicht unbedingt ein Mäntelchen.

Eigenschaften: Der Chinesische Schopfhund ist ein fröhlicher Hund, der nie aggressiv wird. Er ist verspielt und gilt als besonders treu und anhänglich, Fremden gegenüber ist er recht zurückhaltend. Auch wenn er kein Kläffer ist, meldet er aber Besuch mit einem kurzen Bellen an. Er tobt gerne im Freien. Regen und Wind hat er allerdings nicht so gerne und zieht dann lieber das gemütliche Sofa vor. Er passt gut zu einer Familie mit Kindern. Der Schopfhund braucht sehr viel Bewegung und eignet sich deshalb auch gut für Hundesport, wie zum Beispiel Agility.

CHOW-CHOW

Herkunft: China. In Europa seit dem 19. Jahrhundert bekannt.

Beschreibung: Rüden: 48–56 cm, Hündinnen 46–51 cm. Löwenartiges Aussehen und stolze Haltung; breiter Kopf, schwarze Nase, dunkle schräg gestellte Augen, dreieckige, nach vorn über die Augen gestellte Ohren. Zunge, Gaumen, Zahnfleisch und Lefzen müssen blau sein. Langes, sehr üppiges, dichtes Deckhaar mit weicher Unterwolle. Die Brust ist breit und tief, die Lendenpartie kurz und kräftig. Die reich behaarte Rute wird eng über dem Rücken getragen.

Farben: loh, rot, crème, blau, schwarz, silbergrau, selten weiß, immer einfarbig. Flecken sind nicht gestattet.

Eigenschaften: sehr reserviert, fast abweisend, spielt nur ungern. Gleichzeitig aber treu, offen und dem einzigen Menschen, dem er gehorcht, sehr zugetan. Er ist sauber, geduldig und wohlerzogen. Er hat eine starke Abneigung gegen Leine und Maulkorb. Früher wurde er als Wachhund, Wolfsjäger und Schlittenhund gehalten, heute ist er der ideale Begleithund für ruhige Menschen.

Besonderheiten: Noch heute wird er in China als Speisehund gehalten, und auch sein Fell wird verarbeitet.

AMERIKANISCHER COCKER SPANIEL

Herkunft: USA. Wurde aus dem Englischen Cocker Spaniel herausgezüchtet.
Beschreibung: Rüden 39,6 cm, Hündinnen 36,5 cm. Angenehme Gesamterscheinung mit wundervoller, üppiger Befederung. Leicht gerundeter Schädel, breiter, tiefer Fang, intelligente, sanfte Augen, deren Farbe der Haarfarbe angepasst ist. Sehr langer Behang mit gewelltem Haar, muskulöser Hals ohne Wamme. Die Rute wird in Verlängerung der Rückenlinie getragen. Das Fell ist mittellang, seidig und sehr üppig.

Farben: tiefschwarz, schwarz mit Abzeichen, gemsfarben, crème, schimmel, gesprenkelt.
Eigenschaften: Er ist ein munterer, sanfter und ausgeglichener Hund, ohne Nervosität. Er ist intelligent, geduldig, sehr kinderfreundlich, folgsam und leichtführig.
Besonderheiten: Der lange, reich befederte Behang kann sich leicht im Kontakt mit dem Boden beschmutzen und muss deshalb täglich gebürstet werden. Die Gehörgänge sollten oft kontrolliert werden.

ENGLISCHER COCKER SPANIEL

Herkunft: Großbritannien. Die Rasse lässt sich bis zum 14. Jahrhundert zurückverfolgen.
Beschreibung: 35 cm. Robuste, sportliche, ausgeglichene Gesamterscheinung. Rechteckiger Fang mit deutlichem Stopp, breite Nase, kräftige Kiefer. Er hat braune, glänzende Augen, tief angesetzte, mit seidigen Haaren bedeckte Ohren, einen muskulösen Hals zwischen schräg gestellten Schultern. Die Rute ist tief angesetzt, die Pfoten sind katzenähnlich rund. Das Haar ist glatt und seidig, aber nicht gewellt. Die Läufe sind reichlich befedert.

Farben: viele Farben sind gestattet; bei einfarbigen Tieren ist ein weißer Fleck an der Brust erlaubt.
Eigenschaften: Ein gutmütiger, sanfter, anhänglicher und kinderfreundlicher Hund, der Fremden gegenüber aufgeschlossen ist und wenig bellt. Er ist außerdem folgsam und sehr leichtführig. Guter Apportierhund.
Besonderheiten: Der Cocker Spaniel ist ein sehr empfindsamer und gefühlvoller Hund, der mit viel Liebe erzogen werden muss. Demütigende Strafe oder gar Schläge sollten ihm auf jeden Fall erspart werden.

COTON DE TULÉAR

Herkunft: Madagaskar. Die Rasse ist seit Jahrhunderten im südlichen Mdagaskar bekannt und kam 1971 in die USA.

Beschreibung: Rüden 31 cm, Hündinnen 28 cm. Der Coton de Tuléar ist ein hübscher kleiner Hund, der dem Malteser ähnelt. Das hervorstechendste Merkmal ist sein Fell, das – wie der Name andeutet – lang und schwer wie Watte ist.

Farben: weiß mit leicht gelblichen Flecken auf den Ohren.

Eigenschaften: ein treuer und anhänglicher Hund, der seinem Herrn sehr zugetan ist. Er schwimmt gerne und kann seinem Herrn kilometerweit folgen.

ALPENLÄNDISCHE DACHSBRACKE

Herkunft: Österreich. Seit dem Ende des 18. Jahrhunderts bekannt.

Beschreibung: 34-42 cm. Die Dachsbracke hat einen flach gewölbten Oberkopf und gut geschlossene schmale Lefzen, braune Augen, je nach Haarfarbe des Hundes mehr dunkel- oder hellbraun, und einen breiten, glatten und dicht herabhängenden Behang. Der Rücken ist gerade und etwas lang gestreckt; er hat eine gut gewölbte Brust, robuste und muskulöse Läufe, und eine leicht gesenkt getragene Rute. Das Haar ist kurz, dicht und eng anliegend.

Farben: braun mit lichteren Abzeichen, tiefschwarz mit rostroten Abzeichen.

Eigenschaften: Die Dachsbracke ist ein robuster, wetterharter Gebrauchshund, der als anerkannte Schweißhunderasse auch für die Nachsuche eingesetzt wird (Aufspüren verletzten Wilds). Sie ist eigensinnig und kämpferisch bei der Jagd, sonst freundlich und anhänglich.

DALMATINER

Herkunft: Jugoslawien. Nachkomme des so genannten Bengala Beagle.
Beschreibung: Rüden 55-60 cm, Hündinnen 50–55 cm. Ein muskulöser Hund mit symmetrischem Körperbau, etwas länglichem Kopf, kräftigem Fang, schwarzem oder braunem Nasenspiegel, schwarzen oder braunen, rundlichen und glänzenden Augen, feinem, anliegendem Behang, breit angesetzter, leicht nach oben gebogener Rute. Das Haar ist immer kurz, hart, dicht und glänzend.

Farben: Die Grundfarbe ist immer reinweiß, mit schwarzen und leberfarbenen Flecken und Punkten. Bei der Geburt sind die Welpen reinweiß.
Eigenschaften: Heiter, treu, unabhängig, aber leicht erziehbar und sehr empfindsam. Er braucht die Gesellschaft des Menschen, sonst wird er melancholisch. Spielt gerne mit Kindern. Er hat ein ausgezeichnetes Gedächtnis und vergisst auch nach Jahren kein ihm zugefügtes Unrecht.

ARGENTINISCHE DOGGE

Herkunft: Argentinien. Hybride von zehn anderen Rassen.
Beschreibung: Rüden 63–68 cm, Hündinnen 60–65 cm. Der Dogo Argentino, auch Argentinische Dogge genannt, ist mittelgroß bis groß. Er sieht harmonisch, kräftig aber nicht massig aus. Er hat einen massiven Kopf und mandelförmige, dunkle Augen. Die Haut ist bis auf den Nasenschwamm kaum pigmentiert.
Das kurze, feine Fell muss kaum gepflegt werden. Gelegentliches Bürsten reicht, um es geschmeidig und sauber zu halten.

Farben: reinweiß, im Kopfbereich kann aber auch ein dunkler Fleck sein.
Eigenschaften: Der Dogo Argentino hat zwar ein freundliches und fröhliches Gemüt, ist aber recht dominant. Besonders bei Rüden kommt es mit gleichgeschlechtlichen Hunden deshalb immer wieder zu Revierkämpfen. Für einen unerfahrenen Hundehalter wird die Erziehung einer Argentinischen Dogge schwierig werden. Der Hund kann stur sein. Durch konsequente Schulung in den ersten drei Lebensjahren bekommt man diese Aggressionsbereitschaft aber in den Griff. Ansonsten ist er äußerst verträglich, benötigt aber viel Auslauf.

BORDEAUXDOGGE

Herkunft: Frankreich.
Beschreibung: Rüden 60–68 cm, Hündinnen 55–63 cm. Die Bordeauxdogge hat einen mächtigen Kopf mit kraftvollem Kiefer, muskulöser Hals mit Wamme. Breite, tiefe Brust, relativ runde Hängeohren und ovale Augen. Vorbiss zwingend vorgeschrieben. Die Haare sind fein, kurz und weich.
Farben: mahagonirot in allen Schattierungen, mit dunklerer Maske.
Eigenschaften: Durch strenge Zuchtauswahl ist es gelungen, das einstmals aggressive Wesen der Bordeauxdogge zu verbessern. Heute ist sie ein duldsamer, liebenswürdiger und treuer Begleithund, der sehr sensibel ist. Gleichzeitig ist sie ein vorzüglicher Wachhund.

DEUTSCH DRAHTHAAR

Herkunft: Deutschland. Entstand anfangs des 20. Jahrhunderts durch planmäßige Kreuzungen zwischen Deutscher Bracke, Griffon, Pointer, Laufhund und Airdale.
Beschreibung: Rüden 60–67 cm, Hündinnen 56–62 cm. Breiter, langer und robuster Fang, kräftiges Scherengebiss, nicht hängende Lefzen. Dunkle, klare Augen, mittelgroßer Behang. Schlanker Hals, breite und tiefe Brust, kurzer Rücken, mittellange bis lange Rute. Stacheliges, hartes Drahthaar, buschige Augenbrauen und Bart.
Farben: dunkles Kastanienbraun bis Mittelbraun.
Eigenschaften: Ein ausgeglichener, lebhafter und kräftiger Hund, der seinem Herrn sehr zugetan ist. Von allen seinen Ahnen hat er die besten Eigenschaften geerbt: wache Intelligenz, Spursicherheit, eine ausgezeichnete Nase und ein harmonisches Aussehen.
Besonderheiten: Diese Rasse wird den Anforderungen aller Jäger gerecht.

EPAGNEUL BRETON

Herkunft: Frankreich. Erschien erstmals öffentlich 1896 auf einer französischen Hundeausstellung.
Beschreibung: Rüden 48–50 cm, Hündinnen 47–49 cm. Ein eleganter, kräftiger Hund mit intelligentem Ausdruck. Mittellanger rundlicher Schädel, gerader oder leicht gewölbter Nasenrücken mit ausgeprägtem Stopp, ausdrucksvolle, bernsteinfarbene Augen, kurze, etwas abgerundete, leicht befederte Ohren. Kurzer Rücken mit kurzen Lenden und etwas abfallender Kruppe. Rute nicht länger als 10 cm, muskulöse Schultern und Flanken. Das Haar ist immer dicht und fein, glatt, etwas wellig.
Farben: weiß mit orange oder mit kastanienbraun oder mit schwarz, dreifarbig.
Eigenschaften: Intelligent, gelehrig, leicht führbar, sehr expansiv und spielerisch. Er gilt auch als unermüdlicher Apportierhund im tiefen Wasser. Sein heiteres Wesen hat ihm als Begleithund viel Sympathie eingebracht.
Besonderheiten: Er neigt etwas zur Fettleibigkeit, deshalb muss seine tägliche Futterration streng in Grenzen gehalten werden.

EURASIER

Herkunft: Deutschland. Kreuzung zwischen Chow-Chow und Spitz.
Beschreibung: Rüden 52–60 cm, Hündinnen 48–56 cm. In seiner gesamten Erscheinung erinnert der Eurasier an einen urwüchsigen Schlittenhund. Er ist ein nicht zu großer, spitzartiger Familienhund mit mittelschwerem Körperbau. Die Augen sind dunkel, die dreieckigen Ohren stehen aufrecht, die Nase ist schwarz, die Rute ist buschig behaart und wird nach vorn über den Rücken oder leicht seitwärts gebogen oder gerollt getragen. Das Fell setzt sich aus dichter Unterwolle und langem Deckhaar zusammen. Er hat eine blaue, mehr oder weniger blau gefleckte oder fleischfarbene Zunge.
Farben: rot bis falben, wolfsgrau, schwarz und schwarz mit Abzeichen, unter anderem über den Augen.
Eigenschaften: Ein selbstbewusster, ruhiger und ausgeglichener Familienhund, der Eigenschaften der Ausgangsrassen in sich vereinigt. Er ist aufmerksam, ohne bellfreudig zu sein. Gegenüber Fremden zeigt er Zurückhaltung, ohne jedoch ängstlich zu sein. Für seine Familie, zu der er ständigen Kontakt braucht, ist er ein freundlicher Begleiter. Zur vollen Ausbildung dieser Merkmale braucht der Eurasier eine sachkundige, liebevolle und konsequente Erziehung. Mit Kindern und anderen Hunden kommt er sehr gut zurecht.

FLAT COATED RETRIEVER

Herkunft: Großbritannien. Kreuzung zwischen Labrador, Irish Setter, Curly Coated Retriever, Neufundländer.
Beschreibung: Rüden 59–61,5 cm, Hündinnen 56–59 cm. Langer und gut geformter Kopf, kastanienbraune oder dunkelbraune Augen, kleine, am Kopf anliegende Ohren, breiter, tiefer Brustkorb, kurzer quadratischer Rücken, schräg aufwärts getragene Rute. Das Haarkleid ist dicht, fein und glatt.

Farben: schwarz oder leberfarben.
Eigenschaften: Der Flat Coated Retriever ist gehorsam, gut erziehbar, intelligent, liebenswürdig, kinderfreundlich – ein idealer Familienhund. Er schwimmt ausgezeichnet und eignet sich besonders zur Jagd in sumpfigem Gebiet und am Wasser.

FOXTERRIER

Herkunft: Großbritannien. Ursprünglich eine Kreuzung zwischen Dachshund und Englischem Bluthund.
Beschreibung: 35–40 cm. Er hat einen robusten, doch leicht wirkenden Körperbau. Der Kopf ist lang mit flachem Schädel. Fang und Oberkopf haben etwa die gleiche Länge. Die Augen sind klein und dunkel, die Ohren sind V-förmig. Es gibt glatthaarige und drahthaarige Foxterrier. Das harte, etwas längere Drahthaar liegt über weicher, dichter Unterwolle. Das Glatthaar ist anliegend und kürzer als das Drahthaar. Dies ist in der Pflege aufwändiger als das Glatthaar.

Farben: Weiß ist die Grundfarbe des Foxterriers. Hinzu kommen rotbraune und schwarze Markierungen.
Eigenschaften: Der Foxterrier ist ein mutiger und wachsamer Hund. Zudem zeichnet er sich durch Intelligenz, Lernfähigkeit und Anhänglichkeit aus. Er wird heute noch als Jagdhund eingesetzt. Er erfreut sich aber auch als Haus- und Familienhund großer Beliebtheit.
Besonderheiten: Man sagt den Hunden dieser Rasse nach, sie verstünden sich mit Kindern unter Umständen besser als mit anderen Hunden.

GOLDEN RETRIEVER

Herkunft: Großbritannien. Kreuzung zwischen Flat Coated Retriever und Tweed Wasserspaniel (inzwischen ausgestorben).
Beschreibung: Rüden 56–61 cm, Hündinnen 51–56 cm. Breiter, kräftiger Fang, deutlicher Stopp, dunkle, freundliche Augen; mittelgroßer Behang, muskulöser Hals, kurze Lendenpartie und tiefe Brust. Die Rute ist in Höhe der Rückenlinie angesetzt und getragen, ohne Biegung am Rutenende. Er hat muskulöse und starkknochige Gliedmaßen. Das Haarkleid besteht aus glattem oder leicht gewelltem Deckhaar mit guter Befederung und wasserabstoßender Unterwolle.
Farben: alle Goldtöne oder weizenblond.
Eigenschaften: Ein sanfter, freundlicher und liebenswürdiger Hund. Er ist auch Kindern ein geduldiger vierbeiniger Kamerad. Er lässt sich gut erziehen und kann ausgesprochen anhänglich sein. Er gilt als eifriger Arbeiter bei der Jagd, der ganz besonders gerne und gut Wild apportiert. Der Golden Retriever ist sehr gerne beschäftigt und bewegt sich viel. Ein Haus mit möglichst großem Grundstück ist ein gutes Umfeld für ihn. Auch als Gebrauchshund, zum Beispiel bei Rettungsaufgaben, kann der Golden Retriever sehr wertvolle Dienste leisten.

GREYHOUND

Herkunft: Großbritannien. Sehr alte Rasse, die wahrscheinlich auf die Sloughi zurück geht.
Beschreibung: Rüden 71–78 cm, Hündinnen 68–71 cm. Robust, kräftig, symmetrisch. Langer Kopf, schwarze spitze Nase, kräftiges Gebiss. Dunkle, lebhafte Augen, feine Rosenohren, leicht gebogene Rute. Das Haar ist kurz, glatt und anliegend.
Farben: schwarz, weiß, rot, blau, rehbraun, gestromt, oder alle Farben mit weißen Abzeichen.
Eigenschaften: sehr reserviert, empfindsam, mutig, treu und edel. Ein besonderes Merkmal des Greyhound ist sein gutes Sehvermögen. Man spricht daher bei diesen Tieren von einem ausgeprägten Gesichtssinn. Er wird gegenüber dem Gehör und vor allem gegenüber dem Geruchssinn weitaus stärker eingesetzt, als das bei anderen Hunden der Fall ist. Die meisten Greyhounds sind ruhig und verhalten sich eher distanziert, insbesondere Unbekannten gegenüber. Ruhe und Ausgeglichenheit setzen allerdings voraus, dass diese Tiere ausgesprochen viel Bewegung und Auslauf haben.
Besonderheiten: Schon sehr früh wurden Greyhounds bei Rennen eingesetzt, wo sie durchaus Geschwindigkeiten von 70 km/h erreichen können.

GRIFFON BRUXELLOIS (BELGISCHER ZWERGGRIFFON)

Herkunft: Belgien. Kreuzung aus Yorkshire Terrier, Affenpinscher, Zwergschnauzer und Mops.
Beschreibung: 21–28 cm. Kleiner Hund mit rundlichem Kopf und gewölbter Stirn, breiter schwarzer Nase, kurzem bärtigem Fang mit struppigem Schnauzbart. Große rundliche Augen, gerade (meist kupierte) Ohren. Starker Hals und tiefer Brustkorb. Er unterscheidet sich vom Belgischen Griffon durch sein langes, hartes, struppiges Haar, das täglich gebürstet und mehrmals jährlich getrimmt werden muss.
Farben: rot, rötlich.
Eigenschaften: Er ist anhänglich, lebhaft, neugierig und intelligent und kann manchmal etwas launisch sein. Er ist wie alle Terrier ein begabter Mäuse- und Rattenfänger und verteidigt unaufhörlich kläffend sein Territorium.

HOVAWART

Herkunft: Deutschland.
Beschreibung: Rüden 60–70 cm, Hündinnen 55–60 cm. Kraftvoller, aber nicht plumper Gebrauchshund, mit starker, klangvoller Stimme. Kräftiger Kopf mit gewölbter, breiter Stirn, Behang locker anliegend, kräftig behaarte Rute, bis unterhalb der Sprunggelenke reichend. Schlichtes, leicht gewelltes, eher derbes Langhaar.
Farben: schwarz, schwarz mit Brand, dunkelblond. Die Farben von Augen, Nase und Krallen harmoniert mit der Fellfarbe.
Eigenschaften: Ein kluger, disziplinierter, folgsamer und treuer Hund. Der Hovawart ist mutig und verlässlich, dabei von ruhigem und geduldigem Wesen. Er zeichnet sich weiter durch Intelligenz und durch Lernfähigkeit aus und kann seinem Herrchen oder Frauchen gegenüber durchaus große Anhänglichkeit entwickeln. Der Hovawart bewahrt sich recht lange Zeit seine jugendliche Verspieltheit.
Ein Haus, vielleicht sogar ein Bauernhaus mit großem Grundstück, ist ein gutes Umfeld für den Hovawart. Viel Bewegung im Freien tut ihm gut, und schlechtes Wetter macht ihm wenig aus. Er ist ein ausgezeichneter Läufer, der auch in unwegsamem Gelände sehr gut zurechtkommt.

IRISCHER WOLFSHUND

Herkunft: Irland. Sehr alte Hunderasse, die bereits von den alten Kelten bei der Wolfsjagd einsetzt wurde.
Beschreibung: Rüden 79 cm, Hündinnen 71 cm. Wer einmal einen solchen Hund gesehen hat, der vergisst ihn nicht so schnell, denn der Irische Wolfshund ist ungewöhnlich groß. Der Kopf ist lang, der Schädel nicht breit. Insgesamt wirkt der Körper kräftig, ohne massig zu sein. Die nicht übermäßig großen Pfoten haben eine runde Form und starke Krallen. Das Fell dieser vierbeinigen Riesen ist hart und rau. Besonders lang wächst es über den Augen und unter dem Kinn.
Farben: grau, rot, rehbraun, weiß, schwarz.

Eigenschaften: Der Irische Wolfshund ist sanft und ruhig. So schnell bringt ihn nichts aus der Fassung. Dennoch ist er keinesfalls unaufmerksam, sondern im Gegenteil sehr wachsam. Zudem ist er außerordentlich mutig. Dass eine kleine Wohnung ungeeignet für die Haltung eines solchen Hundes ist, steht außer Frage. Für den Irischen Wolfshund ist es ganz wichtig, dass er sich ungestört bewegen kann und viel Auslauf bekommt. Mit Kindern versteht er sich in der Regel sehr gut. Man kann ihn als Familienhund halten. Es wird ihm aber gelegentlich nachgesagt, dass er eine besonders enge Bindung bevorzugt zu einem Menschen aufbaut.

JACK RUSSELL TERRIER

Herkunft: Großbritannien. Von Pastor Jack Russell gezüchtet.
Beschreibung: 25–30 cm. Er hat dunkle, tief liegende Augen, hoch angesetzte, nach vorn oder seitlich fallende Ohren und ein drahtiges Haarkleid. Er ist insgesamt länger als hoch. Der Umfang des Brustkorbs unmittelbar hinter den Ellenbogen sollte ca. 40 bis 43 cm betragen. Die Rute darf in der Ruhe herabhängen, sollte in der Bewegung aufrecht getragen werden. Das Fell kann glatt und kurz, oder etwas länger und rau sein. Er hat eine ganz charakteristische Fellzeichnung.
Farben: weiße Grundfarbe mit schwarzen, gelben oder lohfarbenen Abzeichen .

Eigenschaften: Intelligent und temperamentvoll sind diese kleinen Jäger. Sie haben ein selbstbewusstes, fröhliches Wesen und sind oft sehr verspielt. Zudem zeichnen sie sich durch Aufmerksamkeit, Wachsamkeit und Mut aus. Obwohl der Hund recht klein ist, darf man seinen Bewegungsdrang nicht unterschätzen. Er braucht ausgesprochen viel Auslauf. Mit Kindern versteht er sich sehr gut, und mit anderen Hunden gibt es in der Regel auch keine Probleme.
Besonderheiten: Bei Verwendung als Jagdgebrauchshund ist das Kupieren der Rute in Deutschland laut Tierschutzgesetz erlaubt.

JAGDTERRIER

Herkunft: Deutschland. Diese Rasse wurde aus dem Foxterrier und anderen urtümlichen Terriers entwickelt.
Beschreibung: 33–40 cm. Hunde dieser Rasse wirken nicht kurz, doch etwas gedrungen. Sie haben einen kräftigen Fang mit ausgesprochenen Backen. Der Schädel ist flach und breit zwischen den Ohren. Die Augen sind dunkel, tiefliegend und klein, die V-förmigen Ohren fallen nach vorn. die Rute wird waagrecht getragen. Das Fell ist dicht, hart und rau. Es kommt in einer kurzen und einer etwas längeren Variante vor.
Farben: vorwiegend schwarz, schwarzgrau meliert oder schwarz-lohfarben.
Eigenschaften: Er ist ein leidenschaftlicher Jäger, entschlossen, zäh und mutig. Zudem ist er sehr temperamentvoll und gehorcht nur seinem Herrn. Der Deutsche Jagdterrier gehört in Jägerhand. Man sagt von ihm, dass er zu den wenigen Hunderassen gehört, die bis heute ungeeignet als Begleit- oder einfache Haushunde sind.

KERRY BLUE TERRIER

Herkunft: Großbritannien. Kreuzung zwischen Irish Terrier, Dandie Dinmont und Bedlington.
Beschreibung: 43–48 cm. Dieser Terrier gehört nicht zu den Kleinsten. Er wirkt robust und kompakt, jedoch keineswegs zu schwer. Der lange, kräftige Kopf hat einen eckigen Fang. Der starke, lange Hals geht in einen geraden, eher kurzen Rücken über. Die Brust ist tief. Die Vorderläufe sind ausgesprochen gerade, die Hinterläufe stark gewinkelt. Er hat eine üppige, seidigweiche und gewellte Haartracht.
Farben: Blau in allen Schattierungen ist typisch für den Kerry Blue Terrier.
Eigenschaften: Diesem Hund wird eine gewisse Schärfe nachgesagt. Er ist intelligent, munter und mutig. Außerdem kann er auch sehr anhänglich sein. Eine liebevolle, konsequente Erziehung ist bei diesem Hund ganz besonders wichtig. Wer ihn geduldig und fair behandelt, wird durch angenehmes Verhalten des Vierbeiners belohnt. Er kann sich sehr gut mit Kindern verstehen. Das Verhältnis zu anderen Hunden ist möglicherweise schon einmal etwas gespannt.
Besonderheiten: Soll dieser Terrier rassetypisch aussehen, muss man ihm das Fell in spezifischer Manier kürzen. Auch die sonstige Pflege ist mit etwas Aufwand verbunden.

KING CHARLES SPANIEL

Herkunft: unbekannt. Vielleicht ein Nachkomme von japanischen Spaniel, Mops und Malteser.

Beschreibung: 22–30 cm. Dieser kleine Spaniel ist, wie die beiden Namen unschwer erahnen lassen, dem Cavalier King Charles Spaniel sehr ähnlich, wirkt aber ein wenig robuster. Der Fang ist rechteckig, die Nase schwarz, breit und zurück geschoben; er hat einen gewölbten Oberkopf, große, dunkle Augen, reich behaarten Behang, langes, gerades und seidiges Haar mit befederten Läufen und Rute.

Farben: schwarz und lohfarbener Brand, kastanienbraun, tricolore, perlweiß mit kastanienbraunen oder gelbroten Platten.

Eigenschaften: Mit einem King Charles Spaniel holt man sich sicher keinen Ärger ins Haus. Er ist ein sehr umgänglicher Hund, lieb und sanft. Aber langweilig ist er keinesfalls. Er kann sehr verspielt sein. Er gehört zu den Gesellschaftshunden und erfreut sich auch als Haushund großer Beliebtheit. Aufgrund seiner vergleichsweise geringen Körpergröße kann man ihn in einer Stadtwohnung halten. Mit anderen Hunden pflegt der King Charles Spaniel in der Regel einen äußerst freundlichen Umgang, und auch mit Kindern versteht er sich sehr gut.

KORTHALS-GRIFFON

Herkunft: Frankreich. Kreuzung zwischen verschiedenen französischen Jagd- und Wasserhunden.

Beschreibung: Rüden 55–60 cm, Hündinnen 50–55 cm. Mittelgroßer, kräftiger, widerstandsfähiger Hund. Er ist länger als hoch. Der Schädel ist nicht zu breit, der Fang ist lang und quadratisch. Buschige Augenbrauen überlagern die dunkelgelben oder braunen Augen, ohne sie zu bedecken; Bart und Schnurrbart sind gut entwickelt. Der Körper ist eindeutig länger als die Widerristhöhe, der Rücken ist kräftig. Gut entwickelte Lenden, tiefe, nicht zu breite Brust, Rippen leicht gewölbt. Ohren von mittlerer Größe, nicht eingerollt, flach anliegend. Rute buschig behaart, aber ohne Fransen. Haarkleid hart, nie gelockt oder wollig. Unter dem harten Deckhaar befindet sich eine feine und dichte Unterwolle.

Farben: Vorzugsweise stahlgrau mit kastanienbraunen Flecken oder einfarbig kastanienbraun, außerdem weiß und kastanienbraun, und weiß und orange.

Eigenschaften: sanftmutig und stolz, ausgezeichneter Jäger, sehr stark an seinen Meister gebunden sowie an sein Territorium; sehr sanft Kindern gegenüber. Er hat eine sehr feine Nase und ist ein leidenschaftlicher Jäger.

LABRADOR RETRIEVER

Herkunft: Großbritannien, Neufundland.
Beschreibung: Rüden 54–60 cm, Hündinnen 55–62 cm. Der Labrador ist insgesamt kräftig, muskulös und harmonisch gebaut. Der Kopf ist von rechteckiger Gestalt, relativ breit und hat einen langen, kräftigen Fang, der Hals ist ebenfalls kräftig. Er hat starke Gliedmaßen und kompakte, runde Pfoten. Das Haarkleid ist dicht, glatt, kurz und etwas hart Das Fell schützt den Hundekörper vor Wasser.
Farben: Ein Labrador hat üblicherweise einfarbiges Fell. Schwarz und helle Brauntöne sind sehr verbreitet.
Eigenschaften: Zusammenarbeit und Zusammenleben mit diesem Hund sind für den Menschen angenehm. Der Labrador ist ausgesprochen intelligent und reaktionsschnell, sehr fleißig und fügsam. Er zeichnet sich weiter durch große Anhänglichkeit aus. Bei der Jagd wird dieser Hund vorwiegend zum Apportieren eingesetzt. Wer sich diesen Jagdhund aber als Begleithund hält, muss ihm viel Gelegenheit zu Beschäftigung und Bewegung geben. Er ist weder ein Stubenhocker noch ein Langweiler. Mit Kindern versteht er sich in der Regel ausgesprochen gut, und auch zu anderen Hunden hat er meist ein sehr gutes Verhältnis.

LAGOTTO ROMAGNOLO

Herkunft: Italien. Alte Apportierhunderasse, seit dem 16. Jahrhundert bekannt.
Beschreibung: Rüden 43–48 cm, Hündinnen 41–46 cm. Der Lagotto Romagnolo ist ein Hund von mittlerem bis kleinem Umfang mit rustikalem Aussehen. Er ist stark gebaut, sehr gut proportioniert, mit dichtem und gelocktem Haar mit wolliger Struktur. Der Kopf ist gedrungen, die Augen sind haselnussbraun oder braun; er hat dreieckige Hängeohren, und eine spitz auslaufende, reich behaarte Rute. Das Haarkleid ist wollig und etwas rau. Die Locken sind am ganzen Körper gleichmäßig verteilt. Am Kopf bilden sie einen vollen Oberlippen- und Kinnbart. Das Deckhaar und besonders die dichte, glatte Unterwolle sind wasserundurchlässig.
Farben: einfarbig schmutzig-weiß, einfarbig braun in verschiedenen Abstufungen, orangefarben, braun geschimmelt, oder mit braunen oder orangefarbenen Flecken.
Eigenschaften: Der Lagotto ist fröhlich, temperamentvoll und friedlich: ein perfekter Familienhund. Er ist wachsam und meldet Besucher mit einem Beller an, also ein ausgezeichneten Begleit- und Wachhund. Sein Jagdinstinkt ist zwar erloschen, Beschäftigung braucht er aber dennoch. Apportieren liegt ihm im Blut und sollte deshalb gefördert werden.

LANDSEER

Herkunft: Kanada. Kreuzung zwischen Bernhardiner und Pyrenäen Mastiff.
Beschreibung: Rüden 78–80 cm, Hündinnen 73–77 cm. Der Landseer zeichnet sich durch seine imposante Größe aus. Es ist ein großer, kräftiger, harmonisch gebauter Hund, mit geräumigem und elegantem Gangwerk. Dunkelbraune, freundliche Augen, dicht anliegende Ohren, die Rute wird abwärtshängend getragen. Im Gesicht ist das Fell kurz. Am Körper ist es lang, glatt oder leicht gewellt und dicht. Es fühlt sich weich an und hat viel Unterwolle.
Farben: Der Kopf ist immer schwarz mit einer weißen Blesse, die Läufe, die Brust, der Hals, die Rute und der Bauch sind weiß.
Eigenschaften: Der Landseer besitzt einen natürlichen Wach- und Schutztrieb und ist sehr menschenbezogen. Er ist in der Lage, Gefahren zu erkennen und selbstständig abzuwehren. Deshalb wird er auch heutzutage noch häufig an Gewässern als Rettungshund eingesetzt. Weiterhin ist er sehr gelehrig und verspielt.
Bei konsequenter Erziehung eignet sich der Landseer problemlos als Familienhund. Er ist kinderlieb und Fremden sowie anderen Hunden gegenüber freundlich und ausgeglichen. Sein anhängliches Gemüt lässt keine Zwingerhaltung zu, ihm sollte enger familiärer Anschluss und ausreichend Platz geboten werden.

AFGHANISCHER WINDHUND

Herkunft: Afghanistan. Sehr alte Rasse, die aus Sinai stammt.
Beschreibung: 68,5–74 cm. Der Körper ist mittellang mit geradem, muskulösem Rücken. Der Kopf ist lang, kräftig, fein, der Schädel leicht gewölbt. Schwarze oder leberfarbene Nase, fast dreieckige, dunkle oder goldfarbene Augen, am Kopf anliegende Ohren mit seidigem Haar, Rute in leichtem Ringel endend. Feines und langes seidenartiges Fell. Es muss sehr gut gepflegt werden. Im Gesicht und auf dem Rücken ist das Fell wesentlich kürzer als am übrigen Körper.
Farben: die häufigsten Farben sind weiß, fahlrot, schwarz und lohfarben, dreifarbig. Im Gesicht kann zur eigentlichen Farbe eine schwarze Maske hinzukommen.
Eigenschaften: Der Afghane ist stolz, mutig und nicht zuletzt sensibel. Man muss sich sehr um ihn kümmern. Er braucht viel Zuneigung. Zutrauen zu Fremden fasst er nicht so leicht. Behandelt ihn jemand schlecht, vergisst er das lange nicht. Viel Pflege, extrem viel Auslauf und viel Futter, das sind drei Bedingungen, die den Afghanen nicht zu einem Hund für jedermann machen. Dennoch ist er kein ganz komplizierter Hund. Mit Kindern kann er sich gut verstehen, mit anderen Hunden teilweise auch.

MALTESER

Herkunft: Italien. Sehr alte Rasse. In Italien durch Einkreuzung von Zwergspaniel und Zwergpudel weitergezüchtet.

Beschreibung: Rüden 21–25 cm, Hündinnen 20–23 cm. Der Malteser hat einen lang gestreckten, nicht besonders zarten Körper, einen schlanken, mittellangen Hals und einen breiten, rundlichen Kopf mit relativ spitz zulaufendem Fang, eine schwarze, große Nase mit ausgeprägtem Stopp, große, dunkelockerfarbene Augen, reich behaarte Hängeohren und reich befranste Rute. Das Fell des Maltesers ist ein echter Blickfang: Es ist dicht, lang und weich und wächst üppig.

Farben: Bevorzugte Farbe ist ein reines Weiß.

Eigenschaften: Der kleine Vierbeiner ist munter, aufgeweckt und verspielt. Er ist zudem ausgesprochen anschmiegsam.

Diesen Hund kann man durchaus in einer kleineren Wohnung halten. Natürlich braucht auch er regelmäßige Bewegung. Er gilt als verträglich, was andere Hunde angeht, und als kinderfreundlich.

MASTIFF

Herkunft: Großbritannien. Stammt vom tibetanischen Mastiff ab.

Beschreibung: Rüden 76 cm, Hündinnen 69 cm. Dieser ausgesprochen massige Hund hat sehr kräftige Gliedmaßen, die in breiten, runden Pfoten enden. Der Körper weist insgesamt eine leichte Rechteckform auf. Der Kopf ist breit mit einem ebenfalls breiten und kräftigen Fang. Er hat kleine, möglichst dunkle haselnussbraune Augen, eine breite schwarze Nase, rundliche Hängeohren und eine lange Rute. Das Fell ist kurz, glatt und seidig.

Farben: mehrere Farbstellungen, u.a. goldgelb und rötlich. Auch gestromt möglich.

Eigenschaften: Dem Mastiff in seiner heutigen Form wird nachgesagt, dass er vertrauten Menschen gegenüber nicht nur sehr gutmütig und friedlich, sondern auch sehr anschmiegsam sei. Ungemütlich, angriffslustig und auch gefährlich kann er sich gegenüber Unbekannten verhalten, wenn er in Aufregung gerät. Er ist ein sehr wachsamer Hund. In jedem Fall braucht er viel Platz. Sein Halter sollte unbedingt für viel Beschäftigung und Bewegung sorgen. Das Verhältnis dieses Hundes zu bekannten Kindern, die er mag, gilt als unproblematisch. Der Halter eines Mastiff sollte besonders geübt und stets verantwortungsvoll sein.

MASTINO NAPOLETANO

Herkunft: Italien. Stammt wohl ursprünglich von der Tibet-Dogge ab.
Beschreibung: Rüden 65–75 cm, Hündinnen 60–70 cm. Der Mastino Napoletano hat einen sehr kräftigen Körper mit einem breiten Kopf und einem sehr starken Kiefer. Der Kopf ist massiv, mit enorm großer Wamme am Hals. Das Haarkleid ist kurz, kräftig, gleichmäßig und glänzend.
Farben: schwarz, bleigrau, grau, gestromt, gelb, manchmal mit weißen Abzeichen an Brust und Zehen. Augen möglichst in der Farbe des Fells.
Eigenschaften: Dieser Hund zeichnet sich durch große Selbstsicherheit aus. Er hat die Anlage zur Schärfe. Ob er sich friedfertig verhält, hängt in starkem Maße von seiner Erziehung ab.
Neben sehr viel Platz und sehr viel Bewegung sind beim Mastino Napoletano Erziehung und Haltung von allergrößter Bedeutung. Es ist wichtig, liebevoll aber energisch, freundliches Verhalten seinerseits zu fördern. Er gilt als »Ein-Mann-Hund« und ist kein Tier für jemanden, der sich mit Hunden nicht auskennt. Er gehört unbedingt in die Hände eines erfahrenen Halters. Dann kann ein gutes Verhältnis zwischen Herr und Hund entstehen.

MASTÍN ESPAÑOL

Herkunft: Spanien. Einheimische Rasse aus der Gegend von Estremadura.
Beschreibung: 65–70 cm. Der Mastín Español, auch Spanische Dogge genannt, ist ein großer und schwerer Hund. Er ist sehr kräftig, muskulös und wirkt durch seinen großen Kopf bullig und beeindruckend. Am Hals hat er eine stark entwickelte doppelte Wamme. Er hat kleine Augen und kleine Hängeohren. Das Fell ist halblang, grob und glatt mit dichter Unterwolle und reicht bis zu den Zwischenzehenräumen. An den Läufen ist das Fell kürzer, an der Rute länger und seidiger.
Farben: rehbraun, rot, schwarz/weiß, rotgestromt oder schwarzgestromt.
Eigenschaften: Der Mastín ist ein sehr selbstsicherer Hund. Mit seinem massigen Auftreten und seiner tiefen Stimme kann er Fremde leicht verschrecken. Er ist sich jedoch seiner enormen Kraft bewusst und dosiert sie vorsichtig. Er ist nicht ganz unkompliziert und braucht einen erfahrenen Halter, der ihn früh richtig sozialisiert. Ursprünglich ist der massige Mastín Español ein Wachhund gewesen. Heute ist er ein Haus- und Hofhund, der mit seinem ruhigen Wesen und seiner Geduld auch als Familienhund gehalten werden kann.

BELGISCHER SCHÄFERHUND

Herkunft: Belgien. Von dem belgischen Tierarzt Reul gezüchtet.

Beschreibung: Rüden 62 cm, Hündinnen 58 cm. Der »Belgier« hat einen leichten Knochenbau und eine elegante Gesamterscheinung. Dadurch, dass er seinen Kopf recht hoch trägt, wirkt er sehr edel und stolz. Sein Kopf soll trocken (eng anliegende Haut) und nicht grob sein. Stopp und Nasenoberrücken sollten nahezu parallel sein. Er ist im Idealfall quadratisch gebaut und wenig gewinkelt. Seine Schulter ist steil abfallend und die Hinterhand sehr wenig gewinkelt, d. h. sie steht eher unter dem Körper. Er hat kleine, dreieckige Ohren und dunkelbraune Augen.

Zu den Belgischen Schäferhunden gehören der Groenendael, der Laeken, der Malinois und der Tervueren. Das Fell des Groenendael ist langhaarig und schwarz, der Laeken ist rauhaarig und gelb mit schwarzgrauer Stichelung, der Malinois kurzhaarig und gelb, wobei Teile des Körperfells und die Maske im Gesicht schwarz sind. Der Tervueren hat ebenfalls eine schwarze Maske und langes, ins Mahagonirote gehendes Fell. Groenendael und Tervueren haben im Nacken eine Art Mähne.

Eigenschaften: Ein sehr lebhafter, aufmerksamer Hund,. Er ist aber auch sehr sensibel und gelegentlich etwas nervös. Er lernt gut und ist sehr anpassungsfähig.

BERGAMASKER HIRTENHUND

Herkunft: Italien. Die italienischen Hirtenhunde sind vermutlich Nachkommen der persischen Schäferhunde.

Beschreibung: Rüden 60 cm, Hündinnen 56–58 cm. Dieser intelligente, unerschrockene Hund ist mittelgroß und von rustikalem Aussehen. Charakteristisch ist die üppige und zottelige, verfilzte Behaarung im hinteren Bereich, die so einen natürlichen Schutz bildet. Alles in allem ist er ein wohl proportionierter Hund, kräftig gebaut; die Widerristhöhe entspricht der Körperlänge, der Hund erscheint quadratisch. Der Kopf ist groß, darf aber nicht plump wirken, die Ohren sind dünn, hängend und sollten etwa halbe Kopflänge haben. Die Farbe der Augen sollte zum Fell passen. Die Rute sollte in Ruhe bis zum Sprunggelenk herabhängen und in Erregung sichelartig hoch geschwungen getragen werden, bedeckt ist sie mit ziegenartigem Haar; kürzere Ruten werden vorgezogen.

Farben: grau in allen Schattierungen, bluemerle, isabella, auch ganz schwarz ist möglich, weiße Abzeichen sind erlaubt.

Eigenschaften: Sehr sanft und gefügig, treu, verlässlich, klug und anspruchslos, manchmal sehr starrköpfig. Er ist ein vielseitiger Hirtenhund, wird aber heute als Familienhund immer beliebter.

KAUKASISCHER SCHÄFERHUND

Herkunft: Russland. Einerseits soll er ein direkter Nachkomme des Tibet-Molossian sein, andererseits ein Kreuzung zwischen Mesopotamischen Mastiffs und örtlichen Wölfen.

Beschreibung: 65 cm, in Ausnahmefällen bis zu 90 cm. Der Kaukase ist ein sehr widerstandsfähiger, robuster Hund mit massivem Körperbau und stämmigem Kopf, schwarzer Nase, langer dicht behaarter Rute mit weißer Spitze. Sein Haar ist schlicht, grob mit stark entwickeltem hellerem Unterhaar. Es werden 3 Fellvarianten unterschieden: Langhaarig mit verlängertem Deckhaar, kurzhaarig mit dichtem, verhältnismäßig kurzem Haar, ohne Mähne, ohne »Befederung« und eine Übergangs-Varietät mit verlängertem Haar, aber ohne Mähne, keine »Befederung«.

Farben: unterschiedlich grau oder verschiedene, meist helle bis rostfarbene Töne, auch rostfarbig, strohgelb, weiß, erdfarben, gestreift, auch gescheckt und getüpfelt.

Eigenschaften: Er ist ein unbestechlicher, furchtloser und zuverlässiger Wächter. Er hat ein genetisch verankertes Wach- und Schutzverhalten, das sich jedoch erst mit zunehmendem Alter herausbildet, da er ein Spätentwickler ist. Fremden gegenüber ist er zurückhaltend, misstrauisch und abweisend. Jedoch in der Familie ist er ausgeglichen, anhänglich, kinderlieb und sensibel, aber trotzdem nicht unterwürfig.

MAREMMAMER HIRTENHUND

Herkunft: Italien. Sehr alte Schäferhund-Rasse aus den Abruzzen.

Beschreibung: Rüden 65–73 cm, Hündinnen 60–68 cm. Ein archaischer, kräftiger Hund, dabei niemals schwerfällig. Er hat einen bärenähnlichen Kopf mit dunklen Augen und anliegenden Hängeohren. Lefzen, Nase, Lidränder und Krallen sind schwarz, der Hals hat eine deutliche Mähne. Er hat dunkle Augen und kleine Hängeohren. Sein Haar ist lang, weiß und nicht gewellt.

Farben: Normalerweise weiß, obwohl die Tönungen Elfenbein, Blassorange oder Zitrone in beschränktem Maße toleriert werden.

Eigenschaften: Seine angeborenen Verhaltensmuster sind stark ausgeprägt. Er ist sehr gelehrig, dennoch wird er meist keinen unterwürfigen Gehorsam zeigen, denn er wurde jahrhundertelang daraufhin selektiert, selbstständig, also ohne Anweisungen des Menschen, zu arbeiten. Das Verhalten des Hundes ist abhängig von seiner Sozialisation. Seiner Bestimmung gemäß wird ein Arbeitshund mit den Schafen aufgezogen und beschützt dann seine Herde. Ist der Hund auf den Menschen geprägt, verhält er sich gegenüber seiner Familie wie ein aufmerksamer Beschützer.

DEUTSCHER SCHÄFERHUND

Herkunft: Deutschland. Entstand Ende des 19. Jahrhunderts in Hannover.
Beschreibung: Rüden 60–65 cm, Hündinnen 55–60 cm. Er wirkt insgesamt etwas gestreckt und hat dabei einen muskulösen, harmonischen Körperbau. Der Hals ist kräftig. Der Kopf ist recht schmal und hat eine verlängerte Form mit einem länglichen, kräftigen Fang. Die Lefzen liegen dicht an. Spitze, aufrecht stehende Ohren, dunkle Augen, buschige Rute. Es gibt ihn in einer kurzhaarigen, einer stockhaarigen und einer langhaarigen Variante (Altdeutscher Schäferhund). Das Fell kann verschiedene Farben und Tönungen, teilweise mit Abzeichen, aufweisen.
Farben: Verbreitet sind u.a. folgende Kombinationen: rotgelb, rotbraun, gelb mit schwarzem Sattel, schwarz, aschgrau und eisengrau. Von einer so genannten Wolfsfärbung spricht man, wenn das Fell insgesamt dunkel gewölkt erscheint.
Eigenschaften: Dieser beliebte Hund ist temperamentvoll, sehr lernfähig und lernwillig, mutig und wachsam. Er kann Schärfe und Härte entwickeln. Eine gute Ausbildung, viel Beschäftigung und viel Platz,machen den Deutschen Schäferhund zu einem sehr wertvollen und zufriedenen Partner des Menschen. Zu anderen Hunden kann der Deutsche Schäferhund ein gutes Verhältnis entwickeln. Auch mit Kindern kann er prima zurechtkommen.

POLNISCHER HÜTEHUND

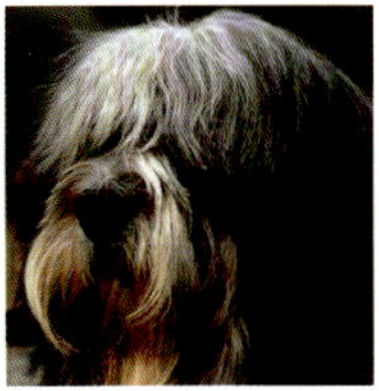

Herkunft: Polen. Stammt von Hunden ab, die vor mehr als zweitausend Jahren von den Phöniziern importiert wurden.
Beschreibung: Rüden 43–52 cm, Hündinnen 40–46 cm. Der ganze Körper ist von derbem, dichtem, dickem und reich vorhandenem Fell mit weicher Unterwolle bedeckt; die Ohren sind hängend, ziemlich hoch angesetzt, von mittlerer Größe, herzförmig, der vordere Rand liegt an den Wangen. Er hat mitunter eine angeborene Stummelrute (Kupieren ist in Deutschland und vielen anderen Ländern verboten).
Farben: alle Farben und Flecken sind erlaubt.
Eigenschaften: Er ist sehr stark auf seinen Menschen geprägt. Seine große Anhänglichkeit, gepaart mit seinem ausgeprägten Hütetrieb machen ihn zu einem beliebten Begleiter seiner Menschen. Dabei kommt ihm auch seine gänzlich fehlende Jagdleidenschaft zugute. Er gilt als ausgesprochen klug und lernfreudig. Fremden Hunden gegenüber ist er freundlich, aber reserviert. Seine Erziehung gestaltet sich bei viel Liebe und Konsequenz einfach. Er ist durchaus auch für den Einsatz als Rettungs- oder Fährtenhund geeignet.

PEKINGESE

Herkunft: China. Kam 1860 erstmals nach Europa

Beschreibung: 15–25 cm. Sein Kopf ist ganz besonders kurz geformt. Der Rücken verjüngt sich nach hinten. Die Gliedmaßen sind kurz und enden in flachen Pfoten. Er hat dunkle, glänzende Augen und befranste herzförmige Ohren. Der Pekingese hat üppig wachsendes, recht langes und feines Haar. Besonders reich wächst das Haar am Hals und an der Rute.

Farben: Es sind alle Farben zulässig. Bei einfarbigen Tieren gilt eine Maske als sehr erwünscht. Recht typisch sind dreifarbige Hunde.

Eigenschaften: Dieser kleine Hund ist genauso treu wie liebebedürftig. Er ist zudem klug und empfindsam. Eine weitere positive Eigenschaft ist seine Wachsamkeit. Man kann ihn gut in der Wohnung halten. Er braucht selbstverständlich regelmäßigen Auslauf, zeichnet sich aber nicht durch einen ausgesprochen starken Bewegungsdrang aus. Man sagt ihm ein recht gutes Verhältnis zu Kindern und auch zu anderen Hunden nach.

PERRO PRESA CANARIO

Herkunft: Spanien.

Beschreibung: Rüden 61–66 cm, Hündinnen 57–62 cm. Er ist ein urwüchsiger, robuster Hund. Der ausgeprägte Schädel zeigt deutlich seine Zugehörigkeit zur Gruppe der Molosser. Ihm wurden traditionell die Ohren kupiert, was aber mittlerweile in Deutschland und vielen anderen Ländern verboten ist. Unkupiert weist er mittelgroße, hängende Ohren auf. Sein Körperbau ist sehr muskulös und leistungsfähig. Sein Haarkleid ist kurz, rau und pflegeleicht.

Farben: gestromt oder falb. Auch kleinere weiße Abzeichen und Platten kommen vor. Die Stromungen reichen von schwarzgestromt über graugestromt zu braun bis falbgestromt, die Maske ist immer dunkel.

Eigenschaften: Vom Charakter wird er als ruhig, ausgeglichen, geradeheraus, nerven- und triebstark bezeichnet. Er gilt als guter Wach-, Schutz-, Sport- oder Familienhund mit einem überzeugenden Wesen.

Heute wird der Hund in erster Linie als Familien-, Wach- und Schutzhund gesehen. Er hat sich auch als Diensthund der verschiedenen Sicherheitskräfte etabliert.

ITALIENISCHES WINDSPIEL

Herkunft: Italien. Sehr alte Rasse, von den Phöniziern nach Europa gebracht.

Beschreibung: 32–38 cm. Die graziösen Tiere sind ausgesprochen leicht. Sie wiegen normalerweise bis zu 3,5 kg. Alles in allem wirkt das Italienische Windspiel wie eine Miniaturausgabe des Greyhound. Ganz typisch sind unter anderem die langen, dünnen Gliedmaßen und der eingezogene Bauch. Er hat eine dunkle Nase, dünne Lefzen, große dunkle Augen und kleine Ohren. Fein, kurz und eng anliegend ist das Fell dieses schnellen kleinen Hundes.

Farben: Ganz typisch sind graue, schwarze, beige und weiße Farbtönungen.

Eigenschaften: Das Italienische Windspiel hat ein freundliches, empfindsames und lebhaftes Wesen. Die Tiere lassen sich gut erziehen und fügen sich ein.

Wenn man den kleinen Windhund als Haushund hält, ist es keine Frage, dass man ihm sehr viel Auslauf bieten muss. Aufgrund seiner geringen Größe eignet er sich auch als Wohnungshund. Geht man liebevoll und gelassen mit ihm um, dann wird man Freude an ihm haben. Mit Kindern und auch mit seinen eigenen Artgenossen entwickelt das Italienische Windspiel in der Regel einen unkomplizierten Umgang.

ENGLISH POINTER

Herkunft: Großbritannien. Ursprünglich Kreuzung zwischen italienischer Bracke, Foxhound, Bullterrier, Windhund, Neufundländer, Setter und Bulldogge.

Beschreibung: 54–62 cm. Der Körper hat ein leicht gestreckt wirkendes Rechteckformat. Die Tiere sehen dynamisch und kraftvoll aus. Die Vorderläufe sind stark, die muskulösen Hinterläufe ebenfalls. Der Kopf des Pointers ist vergleichsweise breit und flach und mit einem kräftigen Fang ausgestattet; haselnussbraune oder dunkelbraune Augen, ziemlich lange Ohren. Die Rute ist breit am Ansatz und verjüngt sich zur Spitze hin. Das Fell des Pointers ist kurz und glänzend.

Farben: weiß, zitronengelb, orange und schwarz; einfarbig oder in Kombination.

Eigenschaften: Der Pointer ist ein temperamentvoller, leidenschaftlicher und ausdauernder Jäger. Er hat ein intelligentes, lernfreudiges Wesen. Er ist kein Hund für die Stadt. Als Haus- und Familienhund ist er grundsätzlich geeignet, da man ihm Kinderfreundlichkeit nachsagt. Bei sensibler Führung entwickelt er sogar Anhänglichkeit. Sehr viel Auslauf und Bewegung sind dann allerdings unerlässlich. Seiner Veranlagung kommt man sicherlich mehr entgegen, wenn man ihn als Jagdhund einsetzt.

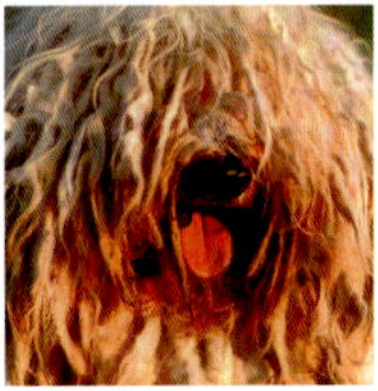

PULI

Herkunft: Ungarn. Wurde vor etwa 1000 Jahren von orientalischen Nomaden nach Ungarn gebracht.

Beschreibung: 40–44 cm. Dieser Hund mit der ungewöhnlichen Haartracht hat einen kleinen Kopf und einen kurzen, runden Fang, golden hellbraune Augen und Hängeohren. Die Rute ist gebogen und nicht sehr lang. Das Fell des Puli kann bis zum Boden reichen. Es ist zottig und je nach Mischungsverhältnis von Deckhaaren und Unterhaaren unterschiedlich beschaffen. Erwünscht ist eine Verfilzung zu langen Streifen.

Farben: Typische Farben sind schwarz mit rötlicher Tönung sowie Weiß- und Grautöne.

Eigenschaften: Ein Langweiler ist der Puli nicht, ganz im Gegenteil: Er ist temperamentvoll, aktiv und eifrig. Er gilt als ein Hund, der sich seine Unabhängigkeit bewahrt. In einem Haus mit Gartengrundstück wird sich der Puli wohler fühlen als in einer Stadtwohnung – es sei denn, man bietet ihm zu der Stadtwohnung extrem viel Auslauf. Dieser Hund gilt als kinderfreundlich und recht unkompliziert im Umgang zu anderen Hunden.

RHODESIAN RIDGEBACK

Herkunft: Südafrika. Wurde Anfang des 19. Jahrhunderts von den Buren aus mitgebrachten und einheimischen Hunden gezüchtet.

Beschreibung: 61–69 cm. Ein starker, muskulöser, sehr schneller und eleganter Hund. Er hat einen mittelgroßen, nicht allzu länglichen Kopf, einen kräftigen Hals und einen rechteckigen Körper. Die Augen sind rundlich, glänzend, die Ohren breit und anliegend. Die starken Gliedmaßen enden in runden Pfoten. Kurzes, glänzendes Glatthaar ist dem Rhodesian Ridgeback eigen. Ganz typisch ist eine Art längliche, dünne Bürste aus gesträubten Rückenhaaren.

Farben: helle gelbe bis rotbraune Färbungen.

Eigenschaften: Der Rhodesian Ridgeback ist ein temperamentvoller Hund. Er hat ein sehr mutiges Wesen und verfügt über große Widerstandskraft. Fremden gegenüber ist er zurückhaltend, doch nie aggressiv. Heutzutage wird er in vielen Ländern als Jagdhund eingesetzt, wird aber auch als Schutz- und Begleithund immer beliebter.

ROTTWEILER

Herkunft: Deutschland. Wurde schon im Mittelalter in Rottweil gezüchtet. Stammt wahrscheinlich vom italienischen Mastiff ab.

Beschreibung: 60–68 cm. Der Rottweiler ist ein massiger, kraftvoller Hund mit breitem Schädel, muskulösem Hals und tiefer Brust. Er hat dreieckige Ohren, die nach vorn fallen und eine lange (früher kupierte) Rute. Das Fell ist recht eng anliegend, fest und kurz.

Farben: Grundfarbe schwarz. Darauf sind Abzeichen in brauner Farbe zu sehen. Erwünscht sind typische Abzeichen über den Augen, an den Backen, am Fang, an der Brust und an den Läufen.

Eigenschaften: Der Rottweiler ist intelligent, mutig, widerstandsfähig und zeichnet sich auch durch besondere Anhänglichkeit »seiner« Familie gegenüber aus. Er zeigt ein ausgeprägtes Schutzverhalten. Der Rottweiler kann als vielseitiger Gebrauchshund eingesetzt werden. Wenn man ihn als Begleithund hält, wird er sich in einem geräumigen Haus mit Gartengrundstück viel wohler fühlen als in einer Wohnung. Im Allgemeinen ist sein Verhältnis zu Kindern unproblematisch. Bewegung, sinnvolle Beschäftigung und vor allem eine gerechte und konsequente Erziehung und Haltung sind wichtig, damit Hund und Halter sich wohlfühlen.

SALUKI

Herkunft: Persien. Kreuzung zwischen asiatischen und agyptischen Windhunden.

Beschreibung: 58–71 cm. Der Kopf ist lang und schmal, der Hals recht lang, der Rücken ist ebenfalls vergleichsweise lang. Der Bauch weist typischerweise eine eingezogene Form auf. Der Saluki hat lange, gerade Gliedmaßen. Das glatte, weiche Fell glänzt. An einigen Stellen, unter anderem am Rücken, kann längeres Haar wachsen, das sich seidig bis wollig anfühlt.

Farben: verschiedene Farben und Farbkombinationen, unter anderem beige, eine goldene oder eine rötliche Tönung.

Eigenschaften: Dieser Hund ist selbstständig und ordnet sich nicht gerne unter. Er hat ein recht sanftes Gemüt und pflegt eine gewisse Zurückhaltung gegenüber Fremden. Eine sensible Erziehung und Haltung ist wichtig. Man kann diesen Hund in einer nicht zu kleinen Wohnung halten. Es ist aber ganz entscheidend, dass er sehr viel Auslauf hat. Man sagt ihm weder zu seinen Artgenossen noch zu Kindern ein problematisches Verhältnis nach.

SAMOJEDE

Herkunft: Skandinavien.
Beschreibung: Rüden 57–60 cm, Hündinnen 54–57 cm. Der Samojede ist von kräftiger Statur mit geraden Gliedmaßen und kräftigem Kopf. Er hat eine schwarze oder braune Nase, schräg gestellte, tiefliegende Augen und mittelgroße, leicht abgerundete Stehohren. Die Rute ist mittellang und buschig behaart. Die Läufe sind kräftig, die Pfoten flach und stark behaart. Das Haarkleid ist voll, gerade und recht hart über kurzer, weicher Unterwolle. Regelmäßiges und gründliches Kämmen und Bürsten fördert ein gepflegtes Aussehen dieses Hundes.
Farben: weiß, bisquit sowie beige.

Eigenschaften: Munterkeit und ein anhängliches und freundliches Wesen zeichnen den Samojede aus. Er kann sehr großen Arbeitseifer und große Ausdauer entwickeln. Traditionell ist dieser Hund ein Schlittenhund. Wer ihn als Begleithund hält, muss dafür sorgen, dass das Tier sehr viel Bewegung bekommt. Der Samojede gilt als kinderfreundlich und dürfte sich auch durch seine Anhänglichkeit als Familienhund gut eignen.

SCHNAUZER

Herkunft: Deutschland. Stammt ursprünglich aus Bayern.
Beschreibung: Schnauzer gibt es in verschiedenen Größen. Man unterscheidet Riesenschnauzer, Mittelschnauzer und Zwergschnauzer. Die verschiedenen Größen bewegen sich zwischen 30–70 cm. Schnauzer haben einen insgesamt leicht gedrungen wirkenden Körper, einen recht kräftigen Kopf und starkknochige Gliedmaßen. Die Augen sind immer oval und dunkel. Die Pfoten sind rund geformt. Schnauzerfell ist rau und schützt vor Witterungseinflüssen. Es ist mittellang und liegt nicht allzu eng am Körper an.

Farben: schwarz und Pfeffer und Salz.
Eigenschaften: Schnauzer sind wachsam. Man sagt ihnen eine gewisse Kühnheit und Stolz nach. Sie gelten aber auch als verspielt und gutmütig. Schnauzer sind seit einiger Zeit zu beliebten Familienhunden geworden. Eine Umgebung mit vielen Kindern genießen sie. Nicht nur große Schnauzer, sondern auch die kleineren sind recht lebhaft und brauchen viel Bewegung. Ohne Bewegung und ausreichend Auslauf wird kein Schnauzer glücklich. Mit etwas fachlicher Anleitung kann man sehr von den Fähigkeiten des Schnauzers als Wachhund profitieren.

SEGUGIO ITALIANO A PELO RASO

Herkunft: Italien. Kreuzung zwischen ägyptischem Laufhunden und römischem Molossern.

Beschreibung: Rüden 52–58 cm, Hündinnen 48–56 cm. Er hat eine schmale lange Schnauze, schwarze Nase mit breiten Nasenlöchern, große glänzende Augen in dunklem Ocker, breite und flache, dreieckige Ohren. Der Segugio Italiano hat die langen Läufe eines Windhunds und das Gesicht eines Laufhunds. Das Fell ist rau oder glänzend und glatt.

Farben: schwarz mit gelbbraunen Markierungen, gelbbraun mit weißen Markierungen.

Beschreibung: Ein Segugio Italiano ist ein liebenswürdiger, temperamentvoller Hund, nie aggressiv und ein ausgezeichneter Jagdhund. Sein Witterungsvermögen ist außerordentlich, und sobald er eine Wildfährte aufgenommen hat, verfolgt er sie verbissen und ausdauernd. Als Gebrauchs- und Begleithund wird die Rasse außerhalb Italiens immer beliebter. Der Segugio Italiano ist die einzige Laufhunderasse, die es in Italien gibt.

TIROLER BRACKE

Herkunft Österreich. Nachkomme des Bluthundes.

Beschreibung: Rüden 44–50 cm, Hündinnen 42–48 cm. Tiefe gerade Schnauze, großer Kopf, etwas konvex, schwarze große Nase, große dunkelbraune Augen und große, abgerundete Ohren. Die Tiroler Bracke hat einen langen Rumpf und eine muskulöse, dennoch schlanke Statur. Die Rute ist lang und gerade. Das Haar ist dicht und eher grob. Unter dem Fell liegt eine leichte Unterwolle.

Farben: Das Haarkleid ist meist rot, schwarzrot, in manchen Fällen sogar dreifarbig.

Eigenschaften: Ein lebhafter, mutiger, spursicherer und folgsamer Hund. Er ist muskulös, äußerst schnell, feinnasig, widerstandsfähig, seiner natürlichen Umgebung perfekt angepasst.

Die Tiroler Bracke ist ein passionierter Jagdhund, der selbstständig sucht und jagt und einen vortrefflichen Orientierungssinn hat.

GORDON SETTER

Herkunft: Großbritannien. Wurde Ende des 18. Jahrhunderts von dem schottischen Herzog Alexander IV Gordon gezüchtet.
Beschreibung: Rüden 59–64 cm, Hündinnen 56–61 cm. Hunde dieser Rasse haben eine nicht zu übersehende Ähnlichkeit mit dem Englischen Setter. Insgesamt wirken sie aber etwas kräftiger, wenngleich sie sich in Größe und Gewicht nicht sonderlich unterscheiden: runder Kopf mit schwarzer Nase, braunen Augen, spitz auslaufenden flachen Hängeohren, gerade Rute. Seidiges, langes, glattes oder leicht gewelltes Fell zeichnet diese Hunde aus. An den Ohren, an der Brust und an der Rute sind die Haare etwas länger.
Farben: schwarz mit mahagonifarbenen Abzeichen am Fang, oberhalb der Augen und an den Läufen.
Eigenschaften: Der erhaben wirkende Hund ist mit einer Reihe angenehmer Eigenschaften ausgestattet. Er gilt als liebevoll, einfügsam und anhänglich und dabei nicht als unangenehm unterwürfig. Als Jagdhund kann der bei entsprechender Ausbildung sehr vielseitig eingesetzt werden. Hält man ihn als Haushund, sollte ihm sehr großzügiger Auslauf gewährt werden. Mit Kindern kann er aufgrund seiner Geduld sehr gut auskommen.

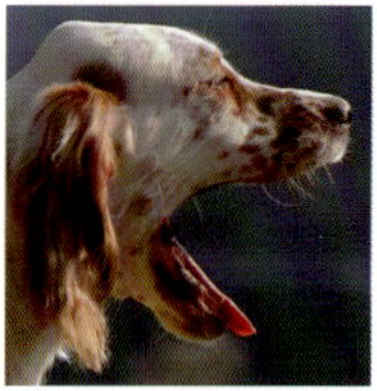

ENGLISCHER SETTER

Herkunft: Großbritannien. Kreuzung zwischen Spanischem Laufhund und Pointer.
Beschreibung: Rüden 56–62 cm, Hündinnen 53–58 cm. Hunde dieser Rasse wirken kräftig und harmonisch und dabei eher leicht. Sie haben einen länglichen Kopf mit langem Fang, eine schwarze Nase, braune Augen und eine lange Rute mit weichem langem Haar. Das Fell des Englischen Setters ist seidigweich und mittellang. Auf dem Kopf ist es deutlich kürzer.
Farben: Es kommen mehrere Farben vor, insbesondere Weiß in Kombination mit anderen Farben.
Eigenschaften: Der Englische Setter zeichnet sich durch Intelligenz, angenehme Sanftmut, Anhänglichkeit und Bewegungsfreude aus. Dieser Jagdhund ist vielseitig bei der jagdlichen Feld- und Wasserarbeit einzusetzen. Wenn man ihn als Haushund hält, sollte man ihm Auslauf in den Garten ermöglichen können; er braucht viel Bewegung. Bei liebevoller Erziehung wird man einen unproblematischen, angenehmen vierbeinigen Begleiter haben, der sich mit anderen Hunden und mit Kindern gut versteht.

IRISCHER SETTER

Herkunft: Großbritannien. Nachkomme des spanischen Laufhundes.
Beschreibung: Rüden 54–62 cm, Hündinnen 52–60 cm. Irish Setter haben im Vergleich zu den anderen Settern einen etwas schlankeren und wendiger wirkenden Körperbau. Dieser tendenzielle Unterschied zeigt sich auch in der leicht schmalen Brust. Lang, seidig und glatt ist das Haarkleid des Irish Setter. Längere Fransen finden sich an der Rückseite der Läufe, an der Rute, an der Kehle und an der Brust.
Farben: mahagonibraun.
Eigenschaften: Dieser Hund hat Temperament. Es wird ihm gelegentlich eine gewisse Unbändigkeit nachgesagt. Dennoch lässt er sich durchaus abrichten. Mit einer geduldigen Ausbildung kann man aus ihm einen Jagdhund mit ganz hervorragenden Gebrauchseigenschaften machen. Doch Temperament und ein energisches Wesen sind nicht die einzigen Eigenschaften, die diesen Setter auszeichnen. Er ist zudem sehr anhänglich und treu. Bei der Jagd setzt man einen Irish Setter im Feld und im Wasser ein. Wenn man ihn als Haushund halten möchte, geht man die Verpflichtung ein, ihm sehr viel Auslauf zu bieten. Sonst wird man dem Wesen des Irish Setters nicht gerecht. Mit Kindern kommt er in der Regel sehr gut zurecht.

SHAR PEI

Herkunft: China. Stammt wahrscheinlich vom Chow-Chow ab.
Beschreibung: Rüden 45–50 cm, Hündinnen 40–45 cm. Er hat ein rechteckiges Körperformat mit nicht zu kurzen Gliedmaßen und einen in Relation zum Körper nicht unproportioniert groß wirkenden Kopf. Ganz charakteristisch – und in dieser extremen Form wohl nur bei Hunden dieser Rasse vorhanden – ist ihre in lockeren dicken Wülsten liegende Haut. Kleine Ohren, die nahe am Kopf anliegen. Die Rute ist geringelt und wird hoch getragen. Das Fell ist kurz und vergleichsweise hart.
Farben: typischerweise sandfarben, rehbraun, dunkelbraun oder auch schwarz.
Eigenschaften: Der Shar Pei gilt als Vierbeiner mit angenehmen Wesenszügen. Er ist sanft, treu, lieb, liebebedürftig und ruhig, kann aber auch sehr verspielt sein.
Besonderheiten: Es ist ausgesprochen wichtig, dass man die vielen Fellfalten regelmäßig und gründlich auf mögliche Entzündungen und Ungeziefer untersucht – und wenn man fündig wird, dem Hund sofort fachmännische Behandlung zukommen lässt.

SHIBA INU

Herkunft: Japan. Stammt wahrscheinlich vom Chow-Chow und dem Kyushu ab.
Beschreibung: Rüden 38–41 cm, Hündinnen 35–38 cm. Der Shiba Inu ist ein wohlproportionierter kleiner Hund mit kräftigem und muskulösem Körperbau. Die Schnauze ist spitz mit breiten Wangen, die Nase schwarz. Die Augen sind klein und dunkel. Seine dreieckigen Stehohren liegen weit auseinander. Die Rute liegt dicht und eingerollt auf dem Rücken. Das Deckhaar ist hart und gerade mit reichlich dichter und weicher Unterwolle. An der Rute ist das Haar etwas länger und abstehend.
Farben: rot, schwarzloh, sesam, schwarzsesam. Charakteristisch ist außerdem das weißliche Haar seitlich am Fang und an den Backen und an der Unterseite des Körpers.
Eigenschaften: Der Shiba ist ein typischer Jagdhund, der auf eigene Faust Beute aufspürt. Er ist selbstständig, mutig und unabhängig. Sein Territorium verteidigt er vehement und eignet sich deshalb auch gut als Wachhund. Fremden gegenüber ist er zurückhaltend, aber niemals aggressiv, ängstlich oder scheu. Besonders Rüden sind oft schwierig im Umgang mit Artgenossen. Sie geben ungern nach und raufen sich schnell. Shibas sind ansonsten ausgeglichen und ruhig, kläffen nicht und stehen treu zu ihrem Herrchen. Sie brauchen aber unbedingt eine konsequente und starke Hand, sonst schalten sie auf stur.

SHIH TZU

Herkunft: China. Stammt vom Lhasa Apso ab.
Beschreibung: Max. 27 cm. Er hat einen länglichen, durchaus kräftigen Rumpf. Die Gliedmaßen sind recht kurz und starkknochig. Der Kopf ist breit und rund geformt. Insgesamt ist eine gewisse Ähnlichkeit mit dem Lhasa Apso auf den ersten Blick nicht zu leugnen. Die Unterwolle ist kurz und dicht, auch das Deckhaar lang und dicht, ohne sich zu locken. Besonders üppig ist die Behaarung an der Rute.
Farben: Es können alle Fellfarben vorkommen. Eine weiße Blesse sowie eine weiße Rutenspitze sind besonders beliebt.
Eigenschaften: Der Shih Tzu ist ein lebhafter, aufmerksamer Hund, der ein enges Verhältnis zu seinem Herrchen oder Frauchen entwickelt. Er zeichnet sich weiterhin durch Wachsamkeit aus.
Dieser Hund eignet sich sehr gut für die Wohnungshaltung. Er ist kinderfreundlich und freundet sich auch mit anderen Haustieren an.

SIBERIAN HUSKY

Herkunft: USA. 1909 von Sibirien nach Alaska importiert.
Beschreibung: Rüden 53–60 cm, Hündinnen 51–56 cm. Der Aufbau des Körpers ist rechteckig, die Höhe des Rumpfes in guter Proportion zur Länge. Der Schädel läuft zu den Augen hin leicht zusammen und weist einen ausgeprägten Stopp auf. Der Fang läuft zur Nase hin leicht zusammen, ohne dabei spitz zu wirken. Die Ohren haben mittlere Größe, sind dreieckig, eng beieinanderstehend und hoch angesetzt, dick und gut behaart. Die Nase ist leberfarben bei roten, schwarz bei schwarzen und grauen Hunden. Das Fell des Siberian Husky besteht aus Unterwolle und mittellangem Deckhaar.
Farben: von weiß über rot und grau bis zu schwarz. Bauch und Brust sind meist rein weiß.
Eigenschaften: Ein geselliger, anhänglicher Hund, der in der Lage ist, das Neunfache seines eigenen Körpergewichts zu ziehen. Er besitzt einen ausgezeichneten Orientierungssinn. Wird bei Hundeschlittenrennen gerne eingesetzt.

SLOUGHI

Herkunft: Alte Rasse aus Nordafrika.
Beschreibung: 55–75 cm. Der Sloughi hat einen edel wirkenden Kopf mit hängenden oder leicht eingeschlagenen Ohren, einen langen Hals, stromlinienförmige Körperform mit exakter, gerader Linienführung und tiefer, geräumiger Brust. Er ist hochbeinig und steht auf kräftigen Füßen. Auffällig wie bei allen Windhunden der Gang: geschmeidig und leichtfüßig, die Schritte aus- und raumgreifend. Sein Haar ist sehr kurz, dicht und fein.
Farben: Alle Tonschattierungen von hellsandfarben bis zu rot-sandfarben, mit oder ohne schwarze Maske, mit oder ohne schwarzen Mantel, mit oder ohne schwarze Stromung, mit oder ohne schwarze Wolkung.
Eigenschaften: Sloughis haben einen gesunden Instinkt und gute Konstitution, sind kraftvoll, zäh und robust und haben keine Probleme mit starken Temperaturschwankungen. Der Sloughi ist ein zärtlicher, anpassungsfähiger Hausgenosse. Er schließt sich dem Menschen sehr eng an und ist seinem Herrn treu. Zu Fremden verhält er sich, wie die meisten Windhunde, zurückhaltend. Sein Wesen wird als klug und edel beschrieben und seine Manieren als vornehm und stolz.

SOFT COATED WHEATEN TERRIER

Herkunft: Irland. Kreuzung zwischen Bulldoggen und verschiedenen Terriern.

Beschreibung: 48 cm. Robuster Hund mit eleganten Bewegungen. Der Fang ist ziemlich kurz mit starkem Gebiss. Dunkelhaselnussfarbene Augen, kleine, nach vorn fallende Ohren. Das Haar fühlt sich in der Textur weich und seidig an, nicht harsch, ohne Unterwolle.

Farben: Weizenfarbe in jeder Schattierung; der junge Hund ist dunkel, erst der ausgewachsene Hund ist richtig weizenfarben und lockig.

Eigenschaften: Ein fröhlicher, menschenfreundlicher, furchtloser und sehr lernfähiger Hund; kann etwas eigensinnig sein. Guter Jagd- und Begleithund. Früher wurde er als Hütehund gehalten. Er ist ebenfalls als Wachhund einsetzbar.

Besonderheiten: Der Wheaten Terrier haart nicht und wechselt nicht zwischen Sommer- und Winterfell.

SPITZ

Herkunft: Deutschland. Stammt vom Canis familiaris palustris ab.

Beschreibung: 28–40 cm. Er hat einen mittelgroßen Kopf mit keilförmigem Schädel. Der Nasenspiegel ist schwarz oder braun, die Augen dunkel und schräg, die Ohren sind klein, gespitzt und dreieckig und stehen aufrecht. Die Rute wird über dem Rücken gerollt getragen. Der Spitz hat üppiges Haar am ganzen Körper, kurze Haare an Fang, Ohren und Pfoten.

Farben: Je nach Fellfarbe unterscheidet man zwischen folgenden Varietäten: Großspitz (Unterwolle und Deckhaar blauschwarz), Weißer Spitz (schneeweiß), Brauner Spitz (dunkelbraun, einfarbig).

Eigenschaften: Lebhaft, treu intelligent, misstrauisch gegenüber Fremden. Kläfft gerne. Er liebt sein Heim und verteidigt es gegen jeglichen Eindringling.

ENGLISH SPRINGER SPANIEL

Herkunft: Großbritannien. Über die Herkunft des Spaniel gibt es unterschiedliche Auffassungen. Unter anderem wird vermutet, die Vorfahren der heute bekannten Spanielrassen seien von Asien aus nach Kontinentaleuropa und dann nach England gelangt.

Beschreibung: 50 cm. Symmetrisch gebauter, kräftiger und kompakter Hund. Breiter, mäßig gerundeter Schädel, dunkelnussbraune Augen, gut entwickelte Lefzen, Behang gut angelegt hängend, kräftiger Hals. Mittellanges Haar mit Fransen an Brust und Brustkorb.

Farben: Bevorzugt wird weiß und leberfarben, weiß und schwarz, mit oder ohne lohfarbene Abzeichen.

Eigenschaften: Das zwar lebhafte, doch meist recht ausgeglichene Wesen und die Anhänglichkeit der Spaniel haben sie seit längerer Zeit zu beliebten Haus- und Begleithunden in vielen Familien werden lassen.

NEUFUNDLÄNDER

Herkunft: Kanada.

Beschreibung: Rüden 70 cm, Hündinnen 65 cm. Dieser Hund ist eine imposante Erscheinung. Er hat einen kräftigen, sehr soliden Körperbau, wirkt aber keineswegs schwerfällig. Die Gliedmaßen sind kräftig, und bei den großen Pfoten sind Schwimmhäute zwischen den Zehen typisch. Der Rücken ist breit und gerade, der Hals stark. Der Kopf des Neufundländers ist breit mit einem vergleichsweise kurzen Fang. Er hat kleine braune Augen. Dichtes, langes und kräftiges Deckhaar überlagert die weiche und Wasser abstoßende Unterwolle.

Farben: Typische Farben sind schwarz, braun und weiß. Abzeichen können vorkommen.

Eigenschaften: Eine Reihe sehr angenehmer Eigenschaften schreibt man diesem Hund zu. Er gilt als ausgesprochen treu, friedlich und gutmütig. Man kann ihn gut erziehen und ihm vieles beibringen. Der Neufundländer liebt das Wasser. Zu Kindern kann der Neufundländer ein gutes Verhältnis entwickeln.

TIBET SPANIEL

Herkunft: Tibet. Abstammung nicht gesichert.

Beschreibung: Höhe bis zu 25 cm. Er ist etwas länger als hoch, hat also eine rechteckige Form. Die wuscheligen Ohren sind mittelgroß und liegen nicht am Schädel an. Die Augen sind kastanienbraun, herabhängende, am Ansatz befederte Ohren, gut befederte Rute. Das Deckhaar ist sehr seidig. An der Vorderseite der Läufe ist es kurz, am Körper mittellang, und liegt glatt an. Die Unterwolle ist dicht und fein. Hündinnen haben in der Regel weniger Haarkleid und weniger Mähne als die Rüden.

Farben: rehbraun, goldfarben, schwarz, schwarz und lohfarben, chrème, weiß, kastanienbraun.

Eigenschaften: Der Tibet Spaniel ist intelligent, fröhlich und wachsam. Alles Ungewöhnliche wird lautstark gemeldet. Fremden gegenüber ist er leicht zurückhaltend, bei Familie und Freunden aber außerordentlich liebevoll. Er ist sehr empfindsam und geht auf die Launen und Gefühle seiner Besitzer ein. Trotz seiner starken Bindung zu seinem Herrchen behält er seine Unabhängigkeit.

VOLPINO ITALIANO

Herkunft: Italien. Seit dem 18. Jahrhundert bekannt.

Beschreibung: Rüden 27–30 cm, Hündinnen 25–28 cm. Er hat einen pyramidenförmigen Kopf, die Nase ist immer schwarz. Ausgeprägter Stopp, ockerfarbene Augen, dreieckige aufrecht getragene Ohren, lange, reich behaarte Rute. Sein Haar ist immer glatt lang, gerade abstehend, was den Hund sehr voluminös erscheinen lässt.

Farben: weiß oder rot.

Eigenschaften: Der Volpino Italiano ist lebhaft, verspielt, klug, lärmig und sehr anhänglich zur Familie, aber misstrauisch gegenüber Fremden. Er ist ein sympathischer Begleithund, der widerstandsfähig gegen Krankheiten ist und daher sehr langlebig .

WEST HIGHLAND WHITE TERRIER

Herkunft: Großbritannien. Nachkomme der Albinos von Cairn Terriers.
Beschreibung: Ca. 28 cm. Er hat einen rundlichen Kopf mit kompaktem Fang. Der lange Hals geht in einen kompakten Rumpf über. Insgesamt weist dieser Hund eine wohl proportionierte Rechteckform auf. Die Gliedmaßen sind kurz. Er hat dunkle, tief liegende Augen, kleine Stehohren und eine 12–15 cm lange Rute. Das Deckhaar ist vergleichsweise lang, dabei hart und schlicht. Die weiche, dichte Unterwolle liegt eng an.
Farbe: weiß

Eigenschaften: Dieser kleine Vierbeiner ist alles andere als ein Langweiler. Er gilt als ausgelassen, verspielt und vorwitzig; aber er lässt sich auch gut erziehen und ist anhänglich und treu. Man kann ihn prima in einer Wohnung halten, wenn man ihm zum Ausgleich viel Auslauf ermöglicht. Er muss herumtollen dürfen. Er gilt als nicht problematisch im Umgang mit seinen Artgenossen und mit Kindern.

WHIPPET

Herkunft: Großbritannien. Kreuzung zwischen Greyhound, italienischem Windhund und Terrier.
Beschreibung: Rüden 47 cm, Hündinnen 44 cm. Sein Äußeres erinnert auf den ersten Blick stark an den Greyhound, doch ist er eher zart. Er hat einen langen Kopf mit einem kräftigen, nach vorne stark schlanker werdenden Fang. Der lange, geschwungene Hals geht in einen länglichen Rücken über. Die Gliedmaßen sind vergleichsweise fein. Er hat dunkle Augen, kleine Ohren und eine dünne Rute. Das kurze, dichte Haar ist glatt.

Farben: Es können sehr viele verschiedene Farben vorkommen.
Eigenschaften: Dieser kleine Windhund gilt als anspruchslos und sanft, fröhlich, anhänglich, intelligent und folgsam. Wenn man ihm genügend Bewegung erlaubt, ist er sehr ausgeglichen. Da er nicht über die robusteste Konstitution verfügt, ist es wichtig, ihm einen warmen und trockenen Platz zu geben. Er gilt als unkompliziert im Umgang mit Kindern.

YORKSHIRE TERRIER

Herkunft: Großbritannien. Der Yorkshire Terrier wurde bereits Ende des 19. Jahrhunderts in der Grafschaft Yorkshire gezüchtet, deren Namen er trägt.

Beschreibung: 25 cm. Wohl proportionierter, kräftiger Körperbau, kleiner, flacher Kopf, mittellanger Fang, schwarze Nase, dunkle, lebhafte Augen, V-förmige, kleine Ohren, Rute stark behaart, gerade Läufe mit runden Pfoten. Typisch ist das feine, glänzende lange, nicht gekräuselte oder lockige Haar.

Farben: steel blue and tan, d.h. dunkel stahlblaues Haarkleid, lohfarben an Kopf, Brust und Läufen. Kopfhaar überaus üppig und sehr lang.

Eigenschaften: lebhaft, selbstsicher, wachsam, anhänglich an seine Familie, oft misstrauisch gegenüber Fremden und nicht sehr verträglich mit anderen Tieren. Großer Mäusejäger.

Besonderheiten: Das dünne Haar der Yorkshire Terriers bedarf besonderer Pflege, da es sonst leicht brüchig wird und seinen glänzenden Charakter verliert. Ein großer Vorteil des Yorkshire Terriers liegt darin, dass er keinen starken jahreszeitlich bedingten Haarwechsel hat, was möglicherweise Probleme mit einer Hundehaarallergie verringern könnte.

ZWERGPINSCHER

Herkunft: wahrscheinlich Deutschland. Kleine Ausgabe des Deutschen Pinschers.

Beschreibung: 25–30 cm. Er hat einen schmalen Kopf mit nicht zu kurzem, sich verjüngendem Fang. Er weist eine eher quadratische Körperform mit geraden vorderen und deutlich gewinkelten hinteren Gliedmaßen auf und ist insgesamt sehr harmonisch. Glattes, kurzes Fell, das eng anliegt, ist dem Zwergpinscher eigen.

Farben: Ganz typisch sind entweder Zweifarbigkeit – schwarz mit rotbraunen Abzeichen – oder ein einfarbig rötlich-braunes Fell.

Eigenschaften: Intelligenz, Fröhlichkeit und Sinn für Geselligkeit zeichnen den Zwergpinscher besonders aus. Zudem ist er ein wachsamer Hund, der Fremden gegenüber nicht gerade zutraulich ist.

Da der Zwergpinscher kein großer Hund ist, kann man ihn in einer Wohnung gut halten. Er braucht aber selbstverständlich auch Beschäftigung, Bewegung und Auslauf. Bei liebevoller Erziehung, die dem Halter leicht fallen sollte, da der Pinscher lernfreudig ist, kann man ihn zu einem sehr angenehmen Begleithund erziehen.

PROMENADENMISCHUNGEN

Es ist einfach nicht möglich, einen Standard für Promenadenmischungen zu definieren. Egal, ob sie groß oder klein sind, zutraulich oder zurückhaltend: sie verdienen es auf jeden Fall ebenso wie alle Rassehunde , zum besten Freund des Menschen zu werden.

DANK

Der Verleger und der Autor möchten sich bei all jenen bedanken, die mit ihren Hunde, ihrer Geduld und ihrer Zeit dazu beigetragen haben, dass diese Bilder und dieses Buch möglich gemacht werden konnte.

Nicola Arini, Giovanna Bacchini, Antonio Battaglino, Gabriele Beani, Giuseppe Brollo, Michela Cardini, Luisella Cecchinato, Ornella Chiea, Ermenegildo Costa, Elisabetta De Luca, Marco Fernetti, Paola Gastaldi, Marco Galli, Luigi Gatti, Elenora Giacomelli, Antonella Giani, Beppe Giani, Luciana Gianni, Luigi Guidobono Cavalchini, Dina Laugeri Zaccone, Sonia Lazzarini, Paola Magnetti, Maurizio Marchetti, Fabio Marrani, Roberto Meina, Fiorella Moriano, Riccardo Olmeda, Salvatore Palermo, Stefano Paolantoni, Vittorio Passerino, Rossella Petrelli, Paolo Pietrangeli, Maria Teresa Rista, Pierluigi Rolandi, Gabriella Ruffino, Vanessa Russo, Marina Salmoiraghi, Lodovica Salomon, Antonio Saporito, Danilo Severini, Pino Signorelli, Paola Sonetto, Nadia Sottile, Giovanni Spadoni, Guido Tabarelli de Fatis, Giorgio Teich Alasia, Antonella Tommaselli, Cinzia Trenchi, Emanuela Valentini, Michelle Vanzetti, Roberto Vincenzi.

Bei allen, die unerwähnt bleiben, bedanken wir uns, und auch bei allen vierbeinigen Freunden, mit denen der Autor viel Zeit verbringen durfte, vor allem bei dem Saluki Simbel, mit dem er 13 Jahre sein Leben teilte.

Unser besonderer Dank gilt

Simonetta Ronco

ADRIANO BACCHELLA

Der 1950 in Turin geborene Adriano Bacchella ist leidenschaftlicher Fotograf. Seine Tieraufnahmen sind weltweit in bekannten Zeitschriften erschienen, wie beispielsweise in GEO. Auch in verschiedenen Büchern sind seine Fotos zu sehen. Sein aktuelles Tätigkeitsgebiet befasst sich mit Lifestyle und Food. Seine Bilder erscheinen in *Coté Sud, AD, Flair Living, Ville e Giardini, Spazio Casa, Natural, Ville & Casali, Plaisir Maison, Vie del Gusto, Meridiani, Traveller, In Viaggio.*

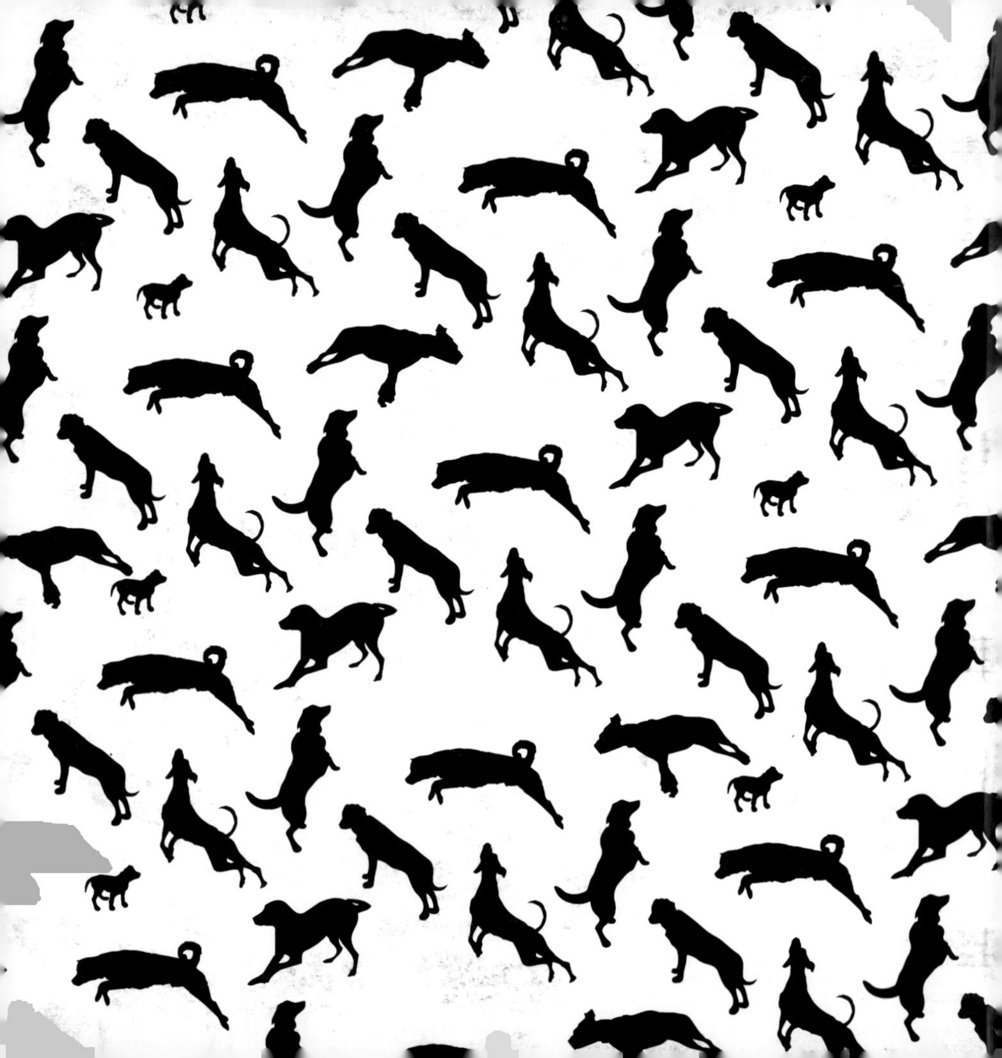